四特 教育系列丛书 SITEJIAOYUXILIECONGSHU

好学生是怎样炼成的

《"四特"教育系列丛书》编委会　编著

吉林出版集团股份有限公司

全国百佳图书出版单位

图书在版编目（CIP）数据

好学生是怎样炼成的／《"四特"教育系列丛书》编委会编著．—长春：吉林出版集团股份有限公司，2012.4

（"四特"教育系列丛书／庄文中等主编．课堂教学与管理艺术）

ISBN 978-7-5463-8724-6

Ⅰ．①好… Ⅱ．①四… Ⅲ．①中小学生－习惯性－能力培养 Ⅳ．① G632.0

中国版本图书馆 CIP 数据核字（2012）第 043991 号

好学生是怎样炼成的

HAO XUESHENG SHI ZENYANG LIANCHENG DE

出 版 人	吴　强	
责任编辑	朱子玉　杨　帆	
开　　本	690mm×960mm　1/16	
字　　数	250 千字	
印　　张	13	
版　　次	2012 年 4 月第 1 版	
印　　次	2023 年 2 月第 3 次印刷	

出　　版	吉林出版集团股份有限公司
发　　行	吉林音像出版社有限责任公司
地　　址	长春市南关区福祉大路 5788 号
电　　话	0431-81629667
印　　刷	三河市燕春印务有限公司

ISBN 978-7-5463-8724-6　　　　　定价：39.80 元

前　言

学校教育是个人一生中所受教育最重要的组成部分，个人在学校里接受计划性的指导，系统地学习文化知识、社会规范、道德准则和价值观念。从某种意义上讲，学校教育决定着个人社会化的水平和性质，是个体社会化的重要基地。知识经济时代要求社会尊师重教，学校教育越来越受重视，在社会中起到举足轻重的作用。

"四特教育系列丛书"以"特定对象、特别对待、特殊方法、特例分析"为宗旨，立足学校教育与管理，理论结合实践，集多位教育界专家、学者以及一线校长、老师的教育成果与经验于一体，围绕困扰学校、领导、教师、学生的教育难题，集思广益，多方借鉴，力求将其全面彻底解决。

本辑为"四特教育系列丛书"之《课堂教学与管理艺术》。

目前，在我国的学校教育中，课堂教学仍然是一种主要的教育教学活动，要想有效地提高课堂教学质量与效果效率，就必须充分尊重和应用教育科学理论，系统学习、研究、提高课堂教学艺术水平，这不仅是对课堂教学的客观要求，而且是教育教学研究的发展趋势之一。因此，每一位有志从事教育事业的学生，都有必要去学习、研究课堂教学艺术，为今后做一名合格的教师奠定基础。本书把教育教学理论和教育教学实践有机地结合起来，系统地研究课堂教学的规律和实践，解决教学过程中遇到的各种实际问题。

本书还有另一个很明确的目的：确立班级管理的专业地位，提高师生教学质量。班级管理是门艺术，需要自觉的奉献；班级管理是门科学，涉及科学领域的探索，必依赖智慧的涌动。希望本书的出版，能为工作在第一线的广大中小学班主任提供一个支点，能唤起一部分对班主任工作感兴趣的专家学者的热情，共同来研究这个新课题，让班主任班组管理这项至关重要的工作更具科学性和艺术性。这也是本书编写的意义所在。

本辑共20分册，具体内容如下：

1.《怎样把课说好》

"说课"是深化教育改革，探讨教学方法，实践教学手段，提高教育教学业务水平的一种好方法，也是教师进一步学习教育理论，用科学的手段指导教学实践，提高教学科研水平，增强教学基本功的一项重要方法。本书主要从说课准备、精心设计与组织说课材料、幽默为教法服务、情感学法说课、辅助教学程序、互动教学目标、应对说课失误和总结说课经验等方面进行铺垫和阐述。我们站在说课者的角度，多层次地模拟了说课中遇到的各种问题，并提出了相应的改进措施，希望教师在说课中少走弯路。

2.《怎样设计教学情境》

本书着重探讨了如何使新课程提倡的自主学习、探究学习、合作学习真正进入课堂。通过介绍西方课堂设计的理论和教学策略，总结国内课堂教学改革的成功经验，为教师进行有效的课堂设计提供切实的指导和帮助。

3.《怎样把课备好》

备课是一个教师最基本的业务能力。备课是教师教学活动的一个重要组成部分，也是上好一堂课的前提和重要保证。教师要上好课，就必须备好课，备课是一项深入细致的工作，是教师取得良好教学效果的关键。教师备课最需要用"心"、用"情"、用"力"和重"思"。

4.《怎样把课上好》

课堂动了，学生活了，互动、对话成为课堂教学的常态了，课堂上出现一系列变动也就在情理之中。教师根据课堂教学中生成的各种资源，形成后续的、新的教学行为。动态成为常态，生成成为过程，这些教学的新要求，是上课时教师需要加以灵活掌握的，也是本书所要介绍的。希望看过本书，教师不仅能获得教学的新理念，获得基本的教学策略。

5.《走出教学雷区》

由于学识、经验、能力、性格、思维等诸方面的限制，教师在认识和行动上产生了偏差，在教学过程中走入误区在所难免。本书列举了日常教学工作中教师常出现的一些问题甚至错误，分析这些问题产生的原因及这些问题在教学中的呈现形式，提出解决问题的方案，引导教师避免或者走出误区，通过"行动—反思—再行动—再反思"，引导教师做一个反思型教师。促进教师在专业化的道路上更快的成长和进步。

6.《让学生出类拔萃》

在学校里，尖子生往往是重点培养对象，集"万千宠爱于一身"。作为教师，不能被尖子生"一俊遮百丑"而忽视对他们的培训和教育。教师应该正确认识了解尖子生，做好培优工作，积极引导，严格要求，满足他们强烈的求知欲，充分施展其才能并让尖子生积极进取的态度、较好的学习方法影响和帮助其他同学共同发展，使全体学生成绩不断地推进。

对尖子生的培养是一项艰巨而漫长但又极具乐趣的工作，希望本书可以使我们的教师都能发现"千里马"，精心、尽力培养，让他们跑得更快、更远！

7.《一对一教学》

在中国，"一刀切"式的教学方法普遍存在于课堂中，然而，每个学生特点各异，只有在了解学生基础上进行的个性化教学才能使学生受益无穷。

不是崭新的课本、新潮的教学技巧，也不是最新的教学设备，优秀的教师才是学生成功的关键。我们有责任坚持不懈地寻找和发现优秀的孩子，认识到每一个孩子都与众不同。本书帮助我们了解学生并找到适合各个学生的教学方法，因材施教。

8.《让课堂动起来》

教师如何掌握新的课堂教学艺术技巧、如何让课堂变得更加生动有趣，这正是本书论述的要旨所在。

教师要上好一堂课，除了要有热情与高度的责任感之外，还要有渊博的知识和一定的讲课技巧，教师必须认真备课、多动脑、多想办法，有了一定的授课技巧，课堂才会时时呈现出精彩！

9.《不怒自威》

本书以清新的笔调、详实的案例向教师娓娓道来：要树立起自己的威信，教师除了要师德高尚、敬业爱生，专业精湛、诚实守信、仪表得当，还要宽严有度、教管有方、赏罚分明、公平公正。只有这样，学生对教师才能心悦诚服，也只有这样，教师才不会在"学生难管"的哀叹中失去教育的权威。

10.《好学生是怎样炼成的》

行为变为习惯，习惯养成性格，性格决定命运。一个动作，一种行为，只要经过多次重复，就能进入人的潜意识，变成习惯性动作。习惯对每个人梦想的实现，命运的选择起到了决定性作用。青少年正处于一个习惯的塑造和培养期，养成良好的习惯会让每个孩子都成为好学生，会使其受益终生。

11.《与差生说拜拜》

本书以新颖的创作手法和情真意切的教育语言从多个方面阐述了怎样对后进生进行转化，如何正确认识后进生，坚守对后进生的教育之爱，唤起后进生向上的信心，解开后进生的"心结"，有针对性地解决后进生的"问题"行为，加大对后进生的指导，提升后进生的能力，善用工作技巧来解决后进生问题，走出教育后进生的误区。本书有较强的可读性、针对性、实用性和操作性，对教师转化后进生有实际性的参考和切实有效的帮助。

12.《从管到不管》

课堂管理艺术和技巧是以学生发展为本的，是教师教学智慧的新表征，是教学实践和经验概括和理性提升，本书所阐述的艺术和技巧是简约的，实用的，可操作的，可借鉴的。本书能够使教师在新课程实践探索的道路上，不断更新课堂管理理念，优化课堂管理行为，形成新的教学本领和新的课堂管理艺术，让课堂教学焕发出生命的活力。

13.《把握好教学心理》

为了帮助读者成为"有意识的教师"，作者提出了若干问题以引导学生思考和学习，并列举大量课堂实例，作为实践范例。本书鼓励教师去思考学生是如何发展和学习的；鼓励教师在教学之前和教学过程中做出决策；鼓励教师思考如何证明学生正在进行学习、正在迈向成功。本书反映了与当前有关的新理论与新进展，所介绍的各种研究结论在课堂实践中得到了验证与应用。该书所倡导的兼收并蓄的均衡教学为教学的专业化发展奠定了基础。

14.《完美的班规》

优秀的班集体需要切实可行、行之有效的好班规。本书采用了通俗的创作方法，把死板的道理鲜活化，把教条的写法改变为以案例为主，分析、评点为辅，把最先进的教育理念和方法融入有趣的情境中。经典的案例，情境式的叙述，流畅的语言，充满感情的评述，发人深省的剖析，娓娓道来、深入浅出，让教师更充分地领会先进、有效的教育方法。

15.《让问题学生不再成问题》

班级里总有——些学生：有的顶撞老师，经常迟到；有的迷恋网络，偷拿钱物，早恋；有的对同学暴力相向，甚至离家出走，教师在他们身上花费很多精力，然而收效甚微。教育这些学生，需要耐心，更需要教育的智慧。

本书是一部针对这一现象为教师提供方法的教育研究专著，也是一部关于问题学生的教育学通俗读物。本书以教师最头痛的问题学生为突破口，努力把智慧型教育理论化、具体化、可操作化，且适当规范化。这既是教育问题学生的一本"医书"，也是教师科学思维方式的培训教材。

16.《消除师生间的鸿沟》

本书在编写中，尽力以轻松的笔调来"海阔天空"地谈论教育中的师生关系这一敏感问题，以求能让读者在阅读中有快乐、有启发、有思辨。本书文章采用夹叙夹议的编写风格，叙述的是事例，议论的是道理。为了能让读者更广泛、更深刻地明白教育道理，本书通过"生活事例——生活道理——教育道理——教育案例"这种内外结合、纵横交错的行文方式，给人"顺理成章"的阅读感受。

17.《用活动管理班级》

随着社会和教育的发展，我们对班级的认识也经历着一个相应的发展历程。班主任的角色定位与对班级性质的认识应该是相匹配的。班级活动作为班级功能主要的载体，在功能、形式和内容上同样需要在新课程背景下重新定位。本书紧扣班主任专业化发展这一核心理念，从班主任实际工作需要出发，由案例导入理论问题，理论联系实践，突出案例教学与活动的组织和设计。不仅贯彻教育部提出的针对性、实效性、创新性、操作性等原则，而且便于进行系统、有选择性的培训。

18.《学生奖惩艺术》

现在的学校普遍提倡激励教育，少用惩罚性处罚手段，认为处罚只能打击学生的自尊心，使学生丧失上进心和改正缺点的动力。但是激励不是万能的，教育不能没有处罚，没有处罚的教育是不完整的教育。本书针对教师如何奖励和处罚学生进行了系统而深入的分析和探讨，并提出了解决这一问题的新思路和可供实际操作的新方案，内容翔实，个案丰富，对中小学教师颇有启发意义。本书体例科学，内容生动活泼，语言简洁明快，针对性强，具有很强的系统性、实用性、实践性和指导性。

19.《永葆教育激情》

谁偷走了中小学教师的激情？生命中不能承受之重对教师起了什么影响？教师职业倦怠的原因在哪里？克服倦怠的具体行动有哪些？如何正确认识和驾驭工作压力？这些问题就是本书要为你回答的。本书对教师的职业倦怠进行了系统而深入的分析和探讨，并提出了解决这一问题的新思路和可供实际操作的新方案，内容翔实，个案丰富，对中小学教师颇有启发意义。

20.《超级班级管理法》

班级管理是门艺术，需要自觉的奉献；班级管理又是门科学，涉及科学领域的探索，必依赖智慧的涌动。本书是多位优秀班主任集思广益、辛勤笔耕的结晶：一是实用性，所选的问题都来自班主任的实际工作，容易引起班主任的共鸣。二是可操作性，提出的应对方法简便易行。三是时代性，所选问题与当前课程改革，与学生实际相结合，具有浓厚的时代气息。

由于时间、经验的关系，本书在编写等方面，必定存在不足和错误之处，衷心希望各界读者、一线教师及教育界人士批评指正。

作者

C目 录
ONTENTS

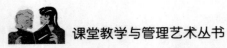

课堂教学与管理艺术丛书

第一章

怎样听讲才有效

听讲是课堂学习的关键和核心。那么，学生在课堂上应该怎样听讲呢？又该听些什么？如何在听讲过程中养成好的习惯以及克服一些不好的毛病？要想在听讲中取得好的效果，这些都是需要先弄明白的问题。

上课听讲听什么

进入中学后，小刚一直感到很苦恼。老师在差不多每节课的课堂上都要讲很多东西，认真听吧，老师讲的许多话都和课堂上学习的知识点无关，而且一整节课听下来让他感到非常疲劳；不认真听，每节课又有那么多的内容，有时候稍一分心就错过了老师对重难点的分析和讲解，以致课后费了好大力气才把它们弄明白。听还是不听，听什么？这让他非常困惑。

一节课 45 分钟，老师在课堂上至少要讲上百句话，要求大家一字不漏地把它们全都听进去显然是不太现实的。可是，如果抱着随便的态度去听，又会像小刚那样错过重难点，导致课下不得不花费数倍于课堂的时间和精力去弥补。显然，大家在课堂上既难以做到全听，也不能随随便便地听，而必须要有所选择地去听。

那么，学生在课堂上究竟应该听什么呢？

1. 听要点

老师在一节课上可能讲了几百句话，但并非每句话都那么重要，其中有许多话只是起联接贯串或者引导作用的，还有一些是临时的插曲，比如提醒打瞌睡的同学或者表扬在课上表现优秀的同学。真正在课堂上成为重点的，是他们在备课中准备的讲课大纲，因为课堂讲授就是围绕着大纲来进行的。这就要求大家在听课时要抓住这个纲要，努力听懂并理解它。

例如，在学习物理课"力的三要素"这一节时，老师对力的三要素——大小、方向、作用点的阐述就是当堂的要点，学生在听这三部分的内容时就应该格外注意，不放过任何一个环节。把这三点全部掌握了，那么这节课的要点也就自然吸收进来了。

2. 听思路

学生在学校里不仅要学习一个个的知识点，还要学习老师分析问题、解决问题的方法，培养和形成自己独立解决问题的能力。因此，上课听讲除了听老师讲解知识点，更重要的是要听他分析和解决问题的思路，从而使自己获得启发。

曾经有一位中考状元，老师在课堂上讲解的题目有很多都是他已经掌握的，但他却并没有因为自己是优等生就轻视它们。"关键是听思路，可能你觉得这个题我会做，那就要思考它背后的思路是什么，这种解题的思路在其他类型的题目里有没有出现？"在听课过程中，优秀的学生注意的应该是方法上的探索，而不是单纯地看一个个步骤和最终的结果。

学会听思路，对今后的进一步学习也是非常重要的。它可以提高学生通过"听"接受外界信息的能力，还可以锻炼其科学的、灵活的思维能力。这样大家在以后的学习中就会越学越明白，越学越会学。

3. 听问题

学生不是"录音机"，不能老师讲什么就听什么。在老师讲课的过程中，学生要学会带着分析的观点、批判的观点、质疑的观点去听。要善于主动去发现老师讲课过程中存在的"问题"。

有些问题大家在预习时就已经发现，只是当时没有搞明白，听讲的时候就应该注意这些问题的来龙去脉，通过老师的讲解把它搞懂；有些问题是大家在听课时新发现的，要注意老师和课本中怎么解释；有些问题虽然被注意到了，但老师在讲课中一带而过，并没有予以详细地解答，这就要求大家及时地把它们记下来，等有机会再搞清楚。

此外，由于受老师的讲课水平、备课充分程度等因素的限制，也可能在讲课过程中新出现一些问题，这也需要学生自己能够"听"出来，通过看书或与同学、老师的交流而获得解决。

总之，要带着问题听，要听出问题来，这样才能不断取得更好的听课效果。

怎样才能听好课

课堂学习是学生学习基础知识，形成技能技巧，发展智力的主要途径，听课，是课堂学习的中心环节。听课质量直接影响着学习质量，而听课的质量，又取决于会不会听课，或者说是否善于听课。

那么，怎样才能在有限的课堂时间内听好课呢？

（1）要有积极主动的听课态度。要怀着强烈的求知欲和浓厚的学习兴趣去听课，把在课堂上听课视为在老师引导下步入知识宝库寻宝的过程，要相信每节课都能学到有用的知识。

（2）要保持注意力的高度集中。据国外的心理学专家统计，6～10岁的小学生注意力可以稳定 20 分钟，10 ～ 13 岁的小学生注意力可以稳定 25 分钟，13 ～ 15 岁的初中生注意力可以稳定 30 分钟，15 ～ 18 岁的高中生注意力可以稳定 40 分钟。但是，从目前大多数学校的情况看，不少同学注意力的稳定水平并没有达到这个标准，上课时分心、走神的现象比较普遍。有些同学进课堂后，需要几分钟的时间才能平静下来，特别是课间时间过于兴奋或剧烈运动的同学，往往人坐在座位上还气喘吁吁，老师讲了半天，他还未进入角色，一堂课的好几分钟就这么耽误了。

在上课过程中，如果思想开小差，老师讲解最关键的地方没有听进去，那一段知识在记忆中就是一片空白。这不仅影响了课堂上的学习效率，更为后面相关知识的学习设置了潜在的障碍。因此，在老师走上讲台开始讲课后，大家应立即专心致志、聚精会神地听课，做到目不斜视，耳不旁听，把与学习无关的思想统统排除在大脑外。只有这样，才能做到听得最准、看得最清、记得最牢、想得最深。

（3）要学会带着问题听课，力争当堂弄懂。学生在听课的同时，要开动脑筋，积极思考，与老师进行思想上的对话，使自己的思路紧紧跟着老师讲课的思路走。要注意把握知识的来龙去脉和"系统"线索，在思想上始终保持向老师提问的倾向。听课时，不放过任何一个疑点，听不懂或不十分明白的地方应及时向老师请教，尽量不要把问题带到课后，以免占用其他的学习时间。

（4）要善于抓住重点。一堂课 45 分钟，但老师讲课的精华往往只集中在其中 20 分钟左右的讲解里，因此大家要学会抓住听课的重点。首先，应根据课前预习的情况，重点听自己预习时没弄懂的部分，争取通过老师的讲解，把疑难点解决。其次，要抓住老师讲课内容的重点，抓住关键的字、词、句，注意老师如何导入新课，如何小结，抓住老师反复强调的重点内容。

（5）要记好课堂笔记。记课堂笔记有助于理解所学内容和反复记忆，也有助于保持注意力的集中和稳定。课堂笔记要用自己的话，记录老师讲课的重点。书本上有的少记或不记，没有的则要多记。如果老师的板书整齐，可以照板书的顺序记，板书零乱，要边记边理出头绪，课后及时参照教科书进行整理。当然，记笔记应以不影响认真听讲为前提，如果听课和记笔记发生矛盾，首先应听好课，下课后再参照同学的笔记补充完整。

有的同学上课时不用心听讲，结果形成了"课上没学会，回家请家教，业余进补校（补习学校）"的恶性循环。课堂教学的作用是任何家教与补习学校都取代不了的，一个小时不用心听讲，两个小时的家教都补不过来。任何一个智力正常的同学，只要按照老师的要求，在每一个课堂 45 分钟的时间里都认真听讲，就一定能成为同龄人中的佼佼者。

听讲要用"心"

有一天，一个工人在仓库里搬运货物，不小心把手表弄丢了，到处都找不到。后来，他的同伴也加入了寻找行列，大伙儿翻箱倒柜，仍是徒劳无功，只好沮丧地回去吃午饭。

这时候，有个小男孩溜进仓库里，很快就把手表找到了。

工人惊异地问他是怎样找到的，小孩说："我只是躺在地板上，保持安静，马上就听见手表的滴答声了。"

生活中需要用心去对待每件小事，学习上也同样如此。

学生在课堂上听老师讲解学习内容，听觉通道的畅通当然是十分重要的，但是仅仅把学习心理活动的主要着眼点放在"听"的方面还是不够的。如果仅仅是"听"，那么充其量是听懂。听懂不一定是掌握，从听懂到掌握之间还存在着一个过程。因此，大家在课堂上进行听课的时候，不仅要用耳朵，更要用心。

在课堂上要用心去听，就必须要做到：

（1）全心听。调动自己的眼、耳、手、脑等感官，眼看，耳听，手记，脑想，多种感官综合运用，协调行动。

（2）专心听。"目不能两视而明，耳不能两听而聪"。听讲时，不能分神、分心，要专心致志，集中注意力，这样才能从老师或同伴的讲述中把握核心内容，使自己的学习更加主动。

（3）热心听。上课保持良好的心态，愉快的心情，积极参与课堂学习，不能无动于衷或者消极怠慢，要有求知的强烈渴望。

（4）虚心听。有的同学对所学的内容稍有认识，便自认为懂了、会了，不愿再听老师的讲述，这些都是听课学习的大敌。"满招损，谦受益"，要始终保持向老师虚心学习的态度。

（5）细心听。"天下大事，必做于细"。在一堂课的学习进程中，支撑重点内容的往往是一些关键性的细节，比如在学习除法的意义时，除数不能为零就是其中的关键。这就需要学生在老师讲授的过程中细心地听，深入理解这些关键内容，从而保证后续学习的连贯。

（6）疑心听。"尽信书，则不如无书"。倾听不是让自己成为发言人的奴隶与俘虏，要敢于怀疑，敢于提出不同看法，敢于跳出发言人所讲的圈子，打开思路，用自己擅长的方式去揣摩、理解所学内容。倘若长期坚持下去，对自己的创新精神与实践能力的培养肯定会大有裨益。

（7）耐心听。基础知识不扎实，对别人的讲话风格不太习惯，或是受到外界其他因素的干扰，都会影响学生倾听的持续和深入。这时特别需要耐心听，甚至是硬着头皮听。即使不能马上听懂，也要坚持听下去，并及时地对自己不能理解的地方予以记录，然后在适当的时候向老师或同学请教，直至彻底弄懂。

学生在听课过程中应集中注意力，全神贯注地听，充分调动多种感官参与，一心不二用。许多学习优秀的学生在课堂上都是这样做的。

当然，一堂课几十分钟，要始终保持全神贯注是不可能的，也是不必要的，同时也是违背心理活动规律的。一个成功的学习者，既能随着教师讲授的轨迹前进，也能在必要时搞一点缓冲、舒展，自动进行调节以提神。学生可将"心"集中在老师对自己在预习中发现的难点的讲授上，集中在搞清老师讲授思路上。对于老师讲授中自己已懂的部分，可以将大脑暂时放松一下，以调节兴奋与抑制生理机制，使注意力能够再次集中。

用心去听，有的放矢，既不致因听讲而过于劳累，又能收到很好的听课效果。

为什么不去试一试呢？

听讲要捕捉重点

一个厨师，能为人称道的往往不是他会做多少菜，而是他究竟有几个招牌菜，因为这些才是他的看家法宝。

一名演员，只有最经典的那些角色才能给人留下深刻印象，让人难以忘怀，但从来都没有所谓的通才型演员。

一个运动员，必须专注于一项运动，坚持不懈，才能在相应的领域中取得令人瞩目的成绩。

课堂重点是教材内容的浓缩与精华，是众多知识点中的核心。掌握了重点，就是掌握了最关键的部分，就能使其他问题迎刃而解。明确了重点，就把握了课堂的精髓，就能够由此及彼，达到触类旁通的境地。

何为重点呢？重点就是老师反复强调的东西。

一般来说，课堂的重点有两个方面的标准：一是知识内容上的重点，二是学科特点上的重点。知识内容中，基本概念、基本原理、基本关系式等都可以是重点，不同的老师对这些重点突出的方法不同，比如在讲到时提高声调，或者反复强调，或者突然放慢语速，或者在黑板上用彩笔勾勒做上特殊的标记，这些都是学生需要引起注意、提高注意力的地方。

从学科特点看，不同学科的重点是不一样的。比如物理、化学、生物是以实验为基础建立起来的，因此在听这些科目时要特别注意观察实验，在获得感性知识的基础上，进一步通过思考、概括，得出科学的概念或规律。代数的内容体系是通过运算种类的增加和数域的扩大展开的，而几何的内容则是通过由简单图形到复杂图形的认识逐步加深的，学习时要抓住知识发展的脉络，通过大量的演算、证明等练习，获得数学知识，培养数学思维能力。语文、外语则又和理科不同，主要学习字词句章等基本知识，因此听课时要抓住听、说、读、写等重要环节，培养自己的语感，提高阅读和写作的能力。

那么，怎样才能抓住重点呢？

1. 注意老师的开场白和结束语

许多同学在听课时往往忽视了这一点。他们错误地认为，开场白不是"正文"，可听可不听。"结束语"则是对"正文"的重复，既然正文已经说过了，那就不用再听了。

其实，老师的开场白虽然只有寥寥几句，但概括了前节课的要点，引出本节课要讲的内容或点明本节课所要达到的要求，是从旧知识过渡到新知识的桥梁，有承上启下的作用，也是本堂课的纲要。结束语的话也不多，但短短几分钟便把本节课的重点小结出来了，并进一步指出在应用这些知识解决实际问题时应注意的事项等，具有高度的概括性，对学生建立清晰的知识结构十分重要。因此，把握住老师的开场白和结束语，也就把握住了整个课堂的精华。

2. 注意老师的板书

老师的板书往往是所讲内容的纲目，或是本节课的要点、重点与难点，或是老师认为大家掌握起来特别容易出问题的地方。注意老师的板书，就抓住了老师讲课的主要内容，然后把这些内容从头到尾连接起来，就构建起了这部分内容的框架。

3. 注意老师反复强调的部分

老师在课堂上反复关注、讲课中反复强调的，在板书中用彩笔勾画出来的，以及要求大家注意的都是重点知识，必须重点加以关注。老师作为过来人，在讲述基本概念、基本原理和基本关系式时，深知什么是关键，所以要反复强调、重点讲解。老师积累了多年的教学经验，了解初学者可能会在什么地方产生错误理解，讲课时就会有针对性地对各种似是而非的错误理解加以剖析。所有这些都是教科书上没有的，只有全神贯注地听讲和积极地思考才能领会与掌握。

如果一个人在课堂上从头到尾都听得很认真，什么都努力往脑子里塞，那么往往一节课上完了，却觉得什么都没学到。因此，学会捕捉课堂重点十分重要。

跟上老师的思路

听课是为了增长知识和发展智力，因此不能把知识点听懂了和课听好了等同起来。高水平的听课不仅应注意老师传授的具体知识，更应该注意老师讲课的思路，跟着老师的思路走，弄清楚老师讲课过程中运用的各种思维方式，学习老师是如何进行周密科学地进行思考的，从而提高自己的思维能力和智力水平。

有的同学不注意老师的讲课思路，而偏重于记忆老师的推导、总结出来的公式或结论，把这看做是听课的主要目的。然而这样掌握的知识，是知其然而不知其所以然的死知识，这种死知识既忘得快，又不能用于解决实际问题，更谈不上发展智力。

老师讲课都有一定的思路，只有抓住思路才能把握所学内容的内在逻辑。如果碰到没听懂的，应当做个记号，不要花很多时间去想。否则，老师讲别的却没听清楚，思路可能就会因此而中断，到后来越听越不懂了。

那么，如何才能跟上老师的思路呢？

（1）根据自己预习时理解过的逻辑结构抓住老师的思路。因为老师讲课大多是根据教材本身的知识结构展开的，因此学生要注意老师每节课上从头至尾所走过的"路"。这节课主要内容是什么，老师开头是怎样引入的，中间是怎样引导分析的，最后是怎么解决和总结归纳的，这些过程都应该弄清楚。

（2）根据老师的提示抓住老师的思路。老师在教学过程中经常会用一些提示用语，如"请注意"，"我再重复一遍"，"这个问题的关键是……"等等。这些要么是强调课堂重点，要么是剖析问题的关键，或者提醒学生注意自己接下来的讲解，在这些地方尤其需要重视。如果能根据老师提出的问题进行深入思考，就可以抓住老师的思路。

（3）根据课堂提问抓住老师的思路。一般来说，老师在课堂上提出的问题都是学生学习中的关键，要么是上堂课的重点知识，要么是一些容易引起混淆的概念，要么是对基本的方法技巧的综合。

（4）根据老师的推导过程抓住老师的思路。老师在课堂上讲解某一结论时，一般有一个推导过程，如：数学问题的来龙去脉，物理要领的抽象归纳，语文课的分析等。感悟和理解推导的过程，是一个投入思维、感悟方法的过程，这有助于理解记忆结论，也有助于提高分析问题和运用知识的能力。

选择适当的听课方法

课堂是学生获取知识的主要途径，抓好课堂的 45 分钟，养成良好的听课习惯，将会给大家的学习带来巨大的帮助，大大提高学生的学习效率。这是毋庸置疑的事实。

可是，学生该采用什么样的方式来听课呢？

每个人的特点不同，起点也不一样，各有所长，因此每个人的听课方法也不同。最为关键的，是要找到一个适合自己的方法。

我们可以对学生大致进行如下分类：

（1）基础扎实型。

（2）基础薄弱型。

（3）爱动脑筋型。

（4）被动接受型。

（5）精力分散型。

不同类型的同学，应该采用不同的听课方法。

对于基础扎实的同学：你们的知识结构没有明显的漏洞，知识的关联性比较好，因此在课上可以把重点放在对新知识点的理解上，对于上节内容的复习和新知识的导入，则不必投入太多精力。

对于基础薄弱的同学：你们基础不牢固，前面的知识还没有完全掌握，因此对于新知识的理解和接受势必会存在一定的困难。建议你们把主要精力放在老师对新旧知识点的串联上，一方面巩固并加深理解前面学过的内容，另一方面也为理解新的知识点做好铺垫。

对于爱动脑筋的同学：你们爱动脑筋，勤于思考，因此往往喜欢刨根问底。建议你们把听讲的重心放在老师对原因的阐述和分析上，比较自己的想法和老师的有什么不同，从中获得启示和灵感。但要注意避免钻牛角尖。

对于被动接受的同学：你们一般不大习惯自己去主动思考，而是老师讲什么，你们就听什么，记什么，因此基本没有什么独立的理解。建议你们在课堂上要试着多想为什么，甚至要对老师的讲解发出质疑。因为只有自己切实想过了，才有可能真正转变成为自己的知识。

对于精力分散的同学：由于你们上课注意力不容易集中，常常走神，因此在听课的时候最好能边听边记，把自己感到困惑的地方或者认为老师讲得比较好的方法记下来，以备课下加以解决或细细琢磨体会。记课堂笔记的方法，能够有效集中上课听讲的注意力。

情况不同，采用的对策和方法也必然要有所不同。

只有对症下药，突出重点，根据自己的实际情况采取相应的听课策略，才能有效利用课堂时间，发挥出课堂上的最大效果。

养成良好的听课习惯

俗话说："习惯成自然。"任何习惯都是从小养成的，好的习惯可以使人受益终生，听课习惯也是如此。如果没有很好的听课习惯，即使老师的课讲得再精彩，学生的天赋再高，也很难达到预期的学习效果。因此，养成良好的听课习惯是实现听好课的重要前提和有力保障，同时也会为大家以后的学习带来方便。

可是，不少同学年龄小，好动、易兴奋、易疲劳，所以保持注意力的时间特别短，听课中往往显得注意力不够集中。不是在课堂上走神，就是情不自禁地和旁边的同学讲话，要不就是看着窗外想着下课后去操场上玩，种种现象，不一而足。

那么，怎样才能养成良好的听课习惯呢？

（1）要做好听课的准备。课前应及早去厕所方便，不能在老师讲课的中间因为内急而分神，影响听课。上课前要拿出课本、练习本、铅笔、橡皮以及其他各种课堂上可能会用到的文具。上课的铃声一响，不管老师是否已经走上了讲台，注意力和心思要立马回到课堂上来，不能再去想与课堂无关的其他琐事。课桌上尽可能不要出现其他书本，以免在课堂上受到其他因素的影响而不能集中注意力听课。

（2）要集中注意力专心听讲。听讲是否专心，直接影响课堂学习的效果。俄国教育家乌申斯基曾经说过："注意是学习的窗户，没有它，知识的阳光就照射不进来。"因此，学生在课堂上应集中注意力听老师讲解，做到"四到"，即"眼到""耳到""手到""心到"：眼睛要盯着老师的板书和老师讲课时的表情动作；耳朵要听清老师讲课的内容，要听出重点，听出弦外之音，听出老师讲课的意图；手要有选择地记，要记重点、难点和疑点；脑筋要开动，积极思考，抓住老师讲课的思路。同时，不要被周围的事物所影响，注意力、思维要始终放在老师要求的方面，不东张西望，不讲与上课无关的话，不做与上课无关的动作。

（3）要开动脑筋积极思考。思维是智慧的源泉，没有思维就没有知识的理解、消化和升华。老师提出的每一个问题，都要思考他用意何在；学生的每一次回答，都要思考它是否严密无误；老师在课堂上讲了一种解题方法，都要思考还有没有更简便的方法。如果一个学生的思维能够始终处于积极状态，那么他的注意力也就一定能够在较长时间内保持高度的集中，听课效果自然会比别的同学好。

（4）要保持良好的听课姿态。上课时要身体坐正，精神振作，双眼圆睁，凝神静气，认真、自信并满怀热情和期待地倾听老师的讲解。在听讲过程中，要时刻保持与老师的目光交流，听懂了，要露出会心的微笑。有困惑，要用眼神向老师询问，请求老师进一步地解释。要时刻保持注意力的高度集中和昂扬奋发的精神面貌。

认真做到以上几点，将有助于养成良好的听课习惯。

养成好记笔记的好习惯

养成做课堂笔记的习惯不仅是一种学习方法，更是一种正确的学习态度。"不动笔墨不读书"，读书如此，课堂学习亦然。俗话说"好记性不如烂笔头"，只有勤于动手，才能克服眼高手低的毛病，才能提高学习效率。

那么，怎样才能养成做笔记的习惯呢？

（1）坚持听讲。课堂是学生获取知识的主要途径，只有坚持听讲，才能获得内容丰富而又完整的笔记。

（2）将各门课程的笔记本单独存放。每门课程都要备有单独的笔记本，并且尽可能选用开本较大的笔记纸来书写，这样便于看清笔记的格式。

（3）在每学期新课程开始前，将该课程的名称、号码、日期还有讲课者的姓名写在笔记的第一页上，这样就不会将笔记遗失或与其他笔记混淆了。

（4）在课堂上要集中注意力。不要乱涂乱画或编结什么东西，这些手的活动会影响做笔记和集中思想，打断与教师眼神的接触，要养成把老师对每一题目的讲解都记录下来的习惯。

（5）使笔记完整清洁。要保证几个星期或几个月以后，你还能知道它们的含义，但是不必用完整的句子记录，因为记笔记是一个选择、压缩和概括的过程。对于常见字和一些常常出现的术语要用缩写形式，这能给你更多听和写的时间。另外，笔记的字迹要清楚，确保自己能够辨认出来，为今后的复习节省时间。

（6）对于线索要机警灵活。老师在课堂上常常会说"你们以后还会明白这一点"，"这是很重要的"或者"这是个常见错误"等联结性或提示性的话语，大家应该在边线外用星号或其他符号将这种线索或重要的话语记下。另外，要注意听一些列举性质的话，如："下面是这一过程中的四个步骤"，以及"最后""因此"和"还有"，因为这样的词可能告诉你后面要讲重要的内容。注意其他的转折词、短语或句子，它们可能表示一个主要思想已讲述完毕，接下去要讲另外一个了。

（7）对于老师在讲课中反复强调的地方，学生应该用记号（如星号、箭头或在字下面画线）做出重点标记，以提醒自己时时注意。

（8）将老师提到的书本或其他参考资料记下来并另外列开。在进一步阅读时，这些都是有价值的指南。

（9）将自己的思想与老师的思想分开写。把问题、自己想出的例子、想法和参考材料写下来是一个很好的做法，但一定要用括号或其他符号指出，因为这是自己的而不是老师的想法。

（10）记下老师在讲课中所举的例子。这些例子常常能说明抽象的思想，用特别的记号如"EX"标出它们是例子。

（11）在老师讲课结束时，你要像讲课开始时一样严密注意。因为老师讲课的速度并不总是很精确地计算好的，他们可能不得不把一半内容塞在最后五分钟或十分钟内讲。所以要尽快地把这些紧挤在一起的结尾记录下来，如果需要的话，下课后你可以在座位上多留几分钟，尽量将所能记住的东西都写下来。对于认为自己可能遗漏的词、短语或思想，在笔记中要为它们留出空位，课后马上请教老师或同学，尽量在他们的帮助下将这些空白填满。

（12）课后要经常复习笔记中的内容，如有需要，将笔记的结构改进一下，使它看上去更具有系统性以便于复习。

就像别的技巧一样，听课和记笔记也需要实践。只要按照以上要求真正努力去做，将它们变成一种习惯，很快就能提高做笔记的能力。不信，就着手尝试一下吧！

课堂听讲十忌

要想充分利用好课堂 45 分钟，就一定要使听课效率达到最优。可是，听讲中的一些坏习惯往往阻挠了这一目标的实现，使听课效果大打折扣。那么，学生在听讲过程中都有哪些忌讳呢？又该如何去克服它们？

在听讲中一般有以下"十忌"：

1. 认为课堂枯燥

有些同学一旦认为某堂课不够生动，便立刻"关掉"自己的耳朵，不去聆听。但往往在这节"枯燥"的课堂中，包含着许多非常重要的知识点，忽视了它们，后面的学习将很难顺利进行。

应对方法：面对即使看起来十分枯燥的一堂课，也要细心聆听，从中找出重要的资料及思想，不要过于在意老师的讲课方式。

2. 对老师有偏见

有些同学喜欢挑剔老师的缺点，如：衣着落伍、表情僵硬、普通话不标准等，从而以貌取人，认为老师讲不出什么重要的东西。如果抱着这种偏见去听课，是不可能取得良好效果的。

应对方法：在课堂上应该首先去汲取老师讲授的那些知识，而不是把注意力放在挑老师的毛病上。大家可以不喜欢某一位老师，但不能因此不喜欢他讲的知识。

3. 只听热闹，不想门道

有些同学在课堂上只喜欢听老师讲鲜活有趣的事例，而不爱听一些原理、概念等基本性的东西，也不愿意去深究结论或结果背后的原因。

应对方法：在课堂上不仅要注意老师讲述的事例、结论，更应该注意那些事实是怎样印证原理，那些事例是怎样印证概念，那些论据又是怎样印证论点的，因为事例的重要性只在于它能联系和反映原理、概念等，而后者才是大家更应该掌握的东西。

4. 过分反应，因小失大

有些同学由于不同意老师在课堂上的某点看法，从而不同意老师的其他意见，以致错过了对一些非常重要的知识的掌握。

应对方法：在课堂上应该用理智而不是情绪去听讲。有不同的观点可暂且记下，待有适当机会再发问，绝不能影响正常的听课。

5. 千篇一律的笔记方式

有些同学尝试用同一种笔记形式来记录所有的课堂内容，他们只顾笔记的外观，而忽略了笔记的内容。

应对方法：应该按照科目及授课形式的不同来调整记笔记的方式，具体做法可参照第二章的讲述。

6. 对敏感的字眼反应过分

有些同学一听到敏感字眼，如"无可救药""笨""没用"等，便会反应过敏，血压上升，甚至莫名发火，并因此不再听老师的讲课。

应对方法：作为一个好的聆听者，即使听到一些敏感的字眼，仍应该平心静气地继续听下去，以便理解清楚老师讲话的思路和论据。

7. 三心二意，浪费思想速度

有些同学在听课的空隙胡思乱想或解决个人问题，结果打乱了听课的思路，再也跟不上讲课的速度，于是只好将余下的课堂内容放弃。

应对方法：应该根据自己的思想速度及老师在课堂上的停顿，去区分重要概念及有关的支持论据，将重点快速总结，并预测老师的下一个要点。

8. 心浮气躁，易受干扰

有些同学经常把附近的小骚扰作为借口，而不去听课，如脚步声、咳嗽声、开门声、邻近球场打球声等。

应对方法：作为学生，要学会自律，排除外界的干扰，专心听课。

9. "人在曹营心在汉"

有些同学眼睛在望着老师，而心早已飞出了课堂，他们认为回家看教科书完全可以代替课堂听讲。

应对方法：大家要知道每一堂课都很珍贵，每一堂课都是老师花费数小时的时间精心准备的，其中有些东西在教科书里是找不到的，因此在课堂上必须要专心致志、全神贯注地听讲。

10. 贪图舒服，无所用心

有些同学懒于理解老师的复杂概念及其论证，认为过于麻烦和辛苦。这些同学想要的是娱乐，而不是学习。

应对方法：在课堂上应充满求知欲，渴望知道老师证明论证的方法，尽可能把每一个过程的来龙去脉都搞清楚，这样才能真正理解老师讲的那些知识。

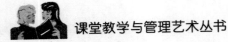

不同的老师有不同的讲课风格，有的讲课如天马行空，大家听得酣畅淋漓但却不知所以；有的讲起课来滔滔不绝，根本不给大家喘息的机会；有的上课只是引导启发，将方法和结果都留给大家自己去思考；有的每节课都要点名提问，让许多同学战战兢兢，惶恐不安……面对众多风格迥异的老师，学生究竟应该如何去适应他们呢？

适应不同老师的教学风格

尽管在新课程改革的背景下，学校教育越来越注重学生的主体地位，教育方式也随之不断更新、改革，教育手段更是日新月异，这些都为学生的学习增添了无限的乐趣，创造了更多的学习优势。但是老师在教学中的主导作用依然十分重要，不可忽视。面对老师，如何去适应是学生搞好学习的关键。

如何适应不同风格的老师呢？具体来说应从以下几个方面着手。

1. 适应老师的性格

在学生的眼里和心目中，老师是大家的偶像，是无所不能、完美无缺的。但是，现实中的老师却是很普通的常人，面对大家他们只是长者、授业者和教育者，即使是一位优秀的老师也同样会有这样或那样的不足。各科老师，有的和蔼可亲如父母，有的平易近人如朋友，有的冷漠拒人千里，有的严厉让学生如临大敌……老师的言谈举止、喜怒哀乐，所有的一切都自觉不自觉地触动和波及着大家的情绪，影响着大家的学习。作为学生，改变不了老师的性格，也不可能改变，只有从自身出发，打开心灵的窗户，从内心接纳老师，慢慢地去适应，才能建立和谐融洽的师生关系。

2. 适应老师的语言

语言是老师传授知识的主要方式。师生异地的语言是学习中的最大障碍，这就要求大家要尽快地掌握老师的语言特点，多和老师交流，早日适应。即使是同地，往往也有一些问题，如：老师讲课声音小、速度快、语音不清，或是夹杂深奥难懂的词语等，也需要去适应，突破语言障碍。

3. 适应老师的讲课方式

不同的老师讲课有不同的特点，讲课的方式方法往往也各不相同。学生应当区别对待，采用不同的听课方式。以课本为主的老师完全照搬书本，知识准确，重点突出，但显得单调，趣味性差，因此大家在课堂上应加强自我约束，以注意听课为重，笔记大可不记；放任型老师讲课往往滔滔不绝，海阔天空，容易激起学生的兴趣，但知识往往主次不清，偏离重点，因此课前应做好预习，掌握知识的难易和重点，听课时抓住重点，同时记好课堂笔记；以板书为主的老师重点突出，条理清楚，便于记录，但往往讲得少，知识面窄，又不透彻；以自学为主的老师，讲解扼要，提纲挈领，学生需要有极强的自学能力，要善于思考和提出问题，对不清楚或是不懂的地方应及时向老师请教。总之，只要能掌握老师的讲课规律，采取有效的学习方式，就一定能学好每一课的知识。

4. 适应老师的教育管理方式

由于老师的性格、工作经验、工作态度、世界观、人生观的不同，表现在工作中也有很大差异。比如同样是对学生的作业，有的老师会勤批勤改，有的则会粗枝大叶，还有的会不闻不问。学生犯了错误，有的老师会促膝谈心，有的会严厉训斥。面对老师时，学生最为重要的一点是理解，理解老师的言行，自我化解心中一时的委屈和不快，不断勉励自己勤奋学习，做遵守纪律，认真听课的好学生。

每个学校都会有很多个任课老师，每个老师都有自己的个性特点、教学习惯和教学风格，大家难免会遇到自己最初不适应、不喜欢的老师，这时千万不要没完没了地埋怨、指责，那样只能破坏自己的情绪，使那一科的成绩越来越糟。反过来，应认识到每个老师都有自己的长处，有很多值得自己学习的地方，试着跟上课堂内老师的教学步伐，这样既能提高自己的学习成绩，还能融洽师生关系。

面对"天马行空"型老师

有的老师讲起课来天马行空，无边无际，常常令学生感到兴趣盎然，非常过瘾。

听这样的老师上课，大家绝不会感到无聊，更不会打瞌睡。但是，如果大家在听课中只是随便听听而不加思考，那么课后就会觉得头脑中一片空白。

于是，临到考试学生就会发现试题出得特别难而无从下笔，大家的心情就不像当初听课时那么愉快了。有的同学甚至觉得受了老师的欺骗而火冒三丈。

但遇上了这样的老师，发火也没有用，更何况，班上同样听课的同学中，也有考试成绩好的。

怎样适应这样的老师呢？

首先要养成预习的习惯。课前预习一遍教材，通过预习知道哪些是重点、难点，并且在教材中标示出来。这样在课堂上，任凭老师扯多远，学生也能始终保持头脑清醒，知道自己听讲的重心以及目前的进度，不被老师天马行空的讲课所迷惑。

一旦养成了课前预习的习惯，学生对课本的内容就会有全盘的了解，并且重点把握，这样就能从老师发散性的讲课中获得更多、更高层次的知识。对那个学科的兴趣也会大增，并有可能使它成为自己最擅长的学科。

其次，从挑老师毛病中，增强自己的学习兴趣。

日本教育专家多湖辉先生说："我在少年时代，是一个无法无天的捣蛋鬼，当时恶作剧的对象竟然还敢选到老师的头上，其中之一就是挑老师的错误。但是这种恶作剧却生出了意外的副产品，第一是想找老师的错误，就非得认真、聚精会神地去听课不可。第二是想质问老师，就要事先有相当的准备及预习功课。这样竟获得了不曾预期的结果，对于功课竟然热衷起来了。"

埋怨老师不如适应老师，适应老师的办法之一是给老师挑毛病。有的同学说："挑了毛病有什么用，老师也不允许我们提意见。"即使不让提，大家也可以把这些问题记在自己的笔记本上，这样既加深了自己对教材的理解，防止自己犯类似的错误，同时又提升了上课兴趣。

遇到自己最初不适应、不喜欢的老师，千万不要没完没了地埋怨、指责，那只能弄坏了自己的情绪，使那一科的成绩越来越糟。只有千方百计适应老师，才能提高学习成绩，同时还能提升自己容人的能力。

面对"滔滔不绝"型老师

课下，一群学生在讨论，其中有个学生说："刚才那老师口若悬河，一上课就滔滔不绝，一句接一句地不肯停下来，一直讲到下课铃响。咱们能不能换一位老师？"

"对！咱们是该换老师了。"不少同学随声附和。"我根本不知道他在课上讲了些什么内容，噼里啪啦放鞭炮似的。让人根本就来不及去记和想。"

另外一个同学说："我就喜欢听这样的老师讲课，听起来一点也不累，不知不觉就下课了，还能学到好多东西呢。"

每位老师都有自己教学的特点，不同特点的老师，适应不同性格同学的需要。口若悬河的老师一讲到底，大部分同学不欢迎，可还是有一些同学喜欢。老师的教法要适应所有的同学是困难的，但不能因为老师不适应大家就换老师，学生应该主动去适应老师。

对于学生来说，只有积极主动地去适应老师，这样才有利于大家的成长，提升大家的适应能力，从而轻松地面对未来更复杂的社会生活。

那么，学生怎样才能适应"滔滔不绝"的老师呢？

一般说来，这一类型的老师，可分两种：

（1）教科书派，上课内容以教科书为主，讲起课来滔滔不绝。

（2）旁征博引派，讲教科书的内容时又加上自己搜集的资料，讲起来也是滔滔不绝。

前者讲课的内容，只要翻着教科书就一目了然，所以部分同学会批评说："这位老师就会照本宣科，并没有多大本事。"也许正是这个缘故，这部分同学对这种老师的课就不那么热衷，所以往往对教科书上的基本内容掉以轻心，错过了该掌握的重要内容。

后者讲课的内容，由于在教科书上看不到，不少同学忙于做笔记，唯恐有所遗漏，反过来却因为"眉毛胡子一把抓"而难以掌握重点。

遇到教科书派，为了防止自己迷迷糊糊，甚至昏昏欲睡，大家在课前得下一番工夫好好预习，弄清这堂课将学习什么内容，这一课的重要内容是什么。有了这样的准备，即使老师说得天昏地暗，大家仍然能知道哪些地方重要，哪些地方不重要。大家只要把重要的内容记在笔记本上，做到一看笔记，马上知道重点就行了。

遇到"笔记派"老师，如果不将他说的内容逐句记录，似乎令人感到不安。其实，大家可以寻找与老师授课内容相近的参考书，并在课前做好预习，听课时只需记参考书上没有的内容，上课时的思考时间就会大大增加，提高学习效率。

面对"引而不发"型老师

有些老师在上课时讲得很少，从不面面俱到地分析、解释，而是在自己吃透教材的基础上，设计出几个关键性的问题，引导学生思考、讨论。

思考讨论之后，有了统一的认识，并且符合标准答案，老师便不再重复，给学生以鼓励、赞扬。没有统一认识时，老师也不轻易下结论，常常引导学生再进一步去搜集论据，以便更深刻地研究问题。

有的理科老师在上实验课时，并不把实验的结论先告诉学生，而是引导学生积极主动地参与实验，由学生在实验中自己发现结论。

这类老师一般属智慧型、思考型，他们在课堂上往往立足于引导学生深层次地思考问题，而很少直接告诉学生现成的答案，真正做到"引而不发"。因此，部分同学会觉得这样的老师不负责任，从他的课上无法学到足够多的东西。

如何适应这样的老师呢？

首先要转变自己的观念。不要以为讲得多的老师便是负责任。如果一位老师每节课讲满45分钟，大家的平均成绩是90分，而另一位老师每节课只讲30分钟，大家的平均成绩也是90分，那么究竟哪位老师对大家更有利呢？显然是讲得少的老师，因为他让大家有了更多的读书、思考、讨论、练习的时间。学生通过自己实践得来的90分，要比全靠听老师讲得来的90分更扎实、更实用。最重要的是，跟这样的老师学习，可以在不知不觉地就养成了主动思考、主动探索问题的好习惯。

其次要做好课前预习，在课堂上紧跟老师的思路，抓住关键性的要点。因为老师在课堂上不是简单地照本宣科，而是从整个章节中挑选出部分问题来进行讲解，这些内容必然是整个章节的核心、重点、枢纽，所以一定要通过预习，在对整个章节有所了解的基础上，抓住这些关键性的知识点，尽力把它们弄懂、弄透，从而为掌握其他次要知识铺平道路。

学生应该珍惜遇到"引而不发"型老师的机会，自觉和老师配合，积极参与探讨老师在课堂上布置的一系列问题，使自己成为学习的主人。

面对"防不胜防"型老师

宋军告诉爸爸："我最不爱上历史老师的课，他一上课就提问，有时按点名册的顺序问，心里还有点准备，有时突然袭击，随意点名，让人防不胜防。"

"这有什么不好？"爸爸问。

"怕答不好，挨批评，遭到同学的嘲笑。"

"那还是你没有用功学习。学生回答老师的提问是天经地义的事。从提高学生成绩的角度，从培养你学习习惯的角度去想，老师这样提问，并没有什么不好的。"

其实静下心来想，老师在课堂上提问真的没有什么不好。认真分析一下，不欢迎老师这样做的，大部分是不太用功的同学。而那些学习努力、成绩突出的同学，不仅不怕老师提问，还欢迎老师提问，觉得那是老师给了自己一个表现的机会。

课堂提问在学生的学习过程中具有非常重要的作用。

（1）有利于激发学生的兴趣。兴趣在学习的过程中有着十分重要的作用。孔子说："知之者不如好之者，好之者不如乐之者。"巧妙的课堂提问可以引导大家对某些问题进行探究，激起大家的好奇心，引起大家的注意力和浓厚的兴趣，从而投入到新的课堂学习中去。

（2）有利于学生掌握重点和难点。老师在课堂上的提问，一般是根据教学的重点和难点来设计的，学生在老师的启发引导下进行分析思考，可以突破教学的重点、难点。

（3）有利于优化学生的表达。课堂提问给学生提供了一个发表意见的机会，学生能面对老师和同学，用自己的语言表达对问题的理解和看法。通过答问，既可以锻炼学生组织语言的本领，又可以锻炼学生语言表达的准确性和灵活性，从而提高学生的语言表达能力。

　　大家在课堂上之所以会怕老师的提问，其实是怕自己答错，而怕答错的原因则是没有认真学习，对自己能够正确回答上来没有信心。

　　如何适应这样的老师呢？最好的办法是通过认真的预习、学习，做好回答的准备。上课不仅不去想如何去"防"老师的提问，反而希望老师问到自己，甚至勇敢地举手，主动请求回答。当老师提问别人时，不妨假设在被提问的是自己，认真思考对问题的作答。这样心态就会变得愉快、积极，和老师的关系也会越来越融洽，成绩一定能明显提高。

　　学生在课堂上越是不怕提问，越是愿意积极地回答提问，知识就掌握得越牢固，能力就拓展得越充分。

第三章

克服障碍，赢在课堂

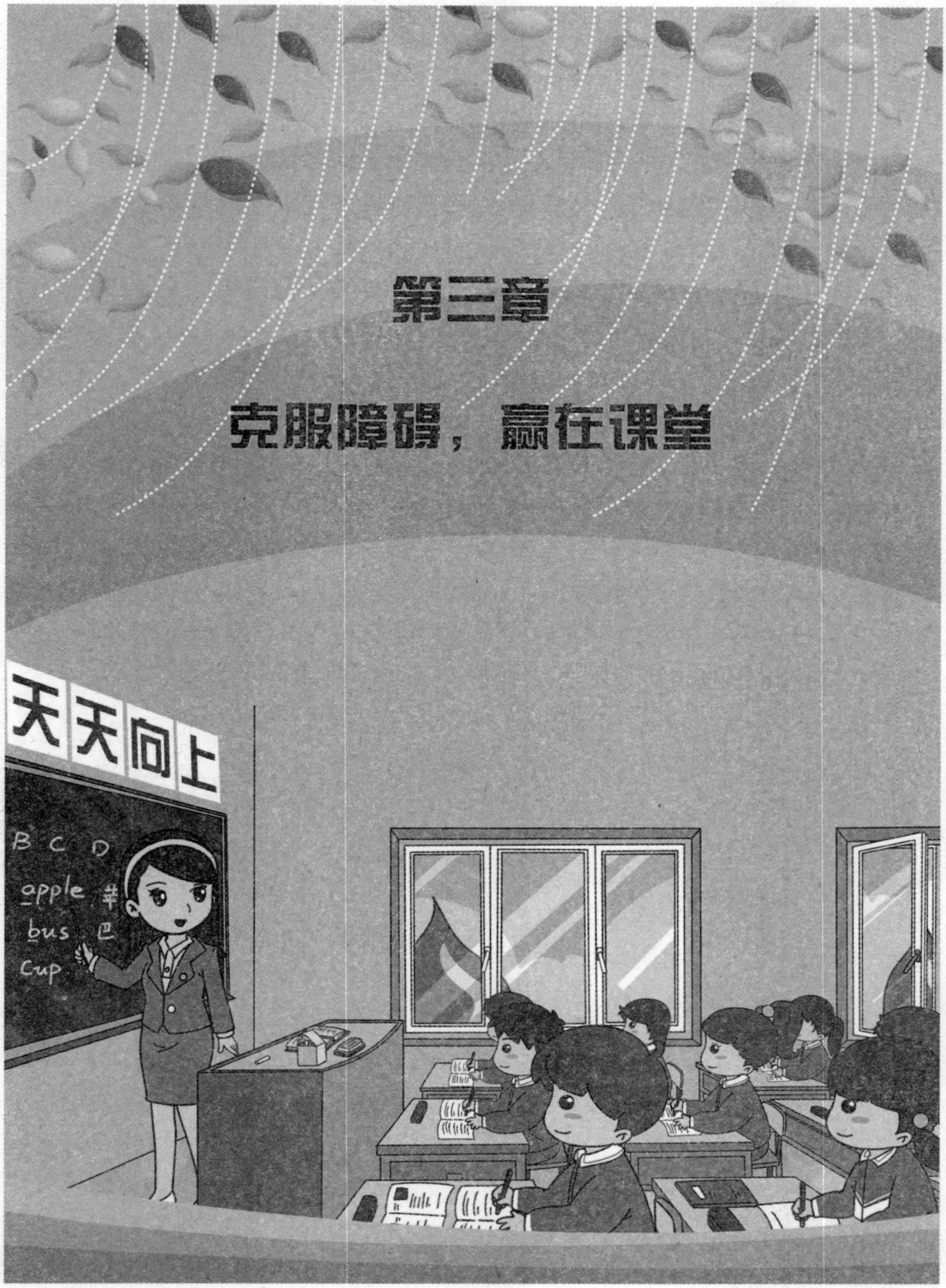

在课堂学习中，听课是非常重要的一个环节。可是，由于这样或那样的原因，学生在课堂上总是不可避免地会出现种种影响听课效率的问题，诸如注意力不集中、无端走神、打瞌睡、焦虑等。那么，影响听课效率的因素究竟都有哪些呢？面对在课堂上出现的这些势必影响听课效率的问题，大家又该采取什么样的方法来予以克服呢？针对这些问题，我们有必要一一地来进行专门探讨。

是什么影响了听课效率

听课效率低是家长和老师最头痛的问题之一，也是影响学生学习的重要因素。同样是在听课，各个学生的表现却并不一样。有的学生全神贯注，而有的学生则心不在焉。过程不同，结果自然也就不一样，认真听课的学生大多取得了较好的成绩，而心不在焉的则往往成绩都不理想。

那么，是什么原因导致听课效率的不同呢？

1. 听知觉能力发展欠佳

部分同学的听课效率差不是因为听觉不好，而是听觉能力发展失衡。听觉是指耳朵听到了信息，而听知觉是指耳朵听到了信息经大脑复杂的处理以后所具备的一种能力，是学习能力的一个重要组成部分。学生在学校里的学习活动中，用得最多的就是听知觉和视知觉，听知觉直接决定了学生在课堂上的听课效率。比如，老师上课时讲了 13 个知识点，如果学生的听觉集中程度不够的话，有可能一个也没有听到，或者少听了两个或三个，那么学生的听课效率就会受影响，这就是听觉集中。有的同学能抓住关键词，有的则抓不住重点，这与大家的听觉宽度有关。此外，听觉记忆和理解直接关系到大家的听课质量，如果听觉记忆和理解差，就会出现接受信息的能力慢，需要反复听几遍才能理解，并且不能将过去学到的知识和现在所学的知识结合起来的问题，从而影响到对知识的理解，学得慢，忘得快。

还有听觉分辨是指学生接受和区分各种声音刺激的能力及对不同声音之间差异区别的能力。如果某个同学的听觉分辨弱，就易出现发音不清、记错别人讲的话、对外界的声音反应迟钝、缺乏倾听的习惯和技能等问题。

2. 注意力发展欠佳

学生的注意力主要有 3 个方面：注意力的集中性、指向性和转移性。

有些学生抗干扰能力差，外面一有风吹草动，都会转移他的注意力，这就是注意力的集中性差。上课时老师从一个内容转到另一个内容时，有些学生还沉浸在前面的内容，正在发呆或胡思乱想，这就是注意力的指向性差。有的学生上课铃响了，还在想着刚刚课间休息时踢球的事，这就是注意力的转移性差。

造成注意力不集中的原因有生理层面的，也有听知觉和视知觉层面的。

（1）运动知觉发展不足

有的学生上课坐不住，动来动去，是什么原因呢？

上课坐的时候要靠背部、腰部、臀部的大肌肉做支撑，有些学生由于0～6岁时活动量少，上了小学后还不会跳绳，不敢走平衡木，不会抛球，不会翻跟头，身体的协调性差，肌肉力量不足，往往动作笨拙，不能有效的控制自己的行为。上小学了，就要靠动来动去来维持自己的注意力，许多感觉信息未能传递到大脑，从而出现视而不见、听而不闻的现象。

（2）认知能力差，理解力差

有些学生注意力不集中，另一个原因是不能理解老师的上课内容，无法从老师的授课中得到任何有意义的信息。老师讲的知识未能进入这部分学生已有的知识结构中，他们根本不知道老师讲的是什么，因此必然会找一些自认为有趣的事来做。

（3）视动协调能力差。

视动协调是指学生的手眼协调能力，它直接影响学生的阅读和完成作业的情况。有些学生写作业磨蹭、拖拉、动作慢，写作业时间长了，会觉得十分疲劳。这部分学生的手部精细动作、视觉宽度和视觉分辨都落后于其他学生，他们一般不足以应付大量的抄写任务。

3. 环境因素的影响

①语言刺激少。②不良的家教方式。③得不到家长或老师的关注。

4. 不良习惯的影响

有的学生上课时眼睛不能看着老师维持自己的注意力；有的学生晚上做作业到很晚，睡眠不足，影响第二天的学习；有的学生在课间休息10分钟里打闹疯玩，满头大汗，上课铃声一响，急急忙忙跑进教室，思绪根本没有回到课堂上来，自然也影响听课效率。

影响听课效率的因素很多，有内部的也有外部的。对于学生来说，关键是找出原因，对症下药，这样才能有效提高听课的效率。

为什么上课总是走神

传说清朝时候,有个县官,因为天气热,便想买副竹床躺躺凉快凉快。于是,他把仆人叫来吩咐说:"天气热了,你到街上给我买副竹床回来。"说完交给仆人一块洋钱,叫他快去快回。岂料仆人漫不经心地把竹床误听成猪肠,肉店老板一看是县衙门的人,连忙拣上一副上好的猪肠,秤后还有余钱,又将两只猪耳搭上。仆人一见,眉开眼笑,心想:老爷只叫我买一副猪肠,现在却多了两只猪耳朵,正好给我下酒用,便偷偷将两只猪耳朵塞进自己的裤腰里。

仆人手拿着猪肠回到衙门,眯着双眼对县官说:"老爷,猪肠买回来了。"县官见仆人买回来的是猪肠,顿时火冒三丈,骂道:"你这个混蛋,叫你去买竹床,为什么买回猪肠,耳朵到哪里去了?"仆人一听,吓得面如土色,连忙拿出两只猪耳朵,颤抖着双手呈上给县官。哆嗦着说:"老爷……明察,耳朵在这……"

这则笑话读来引人发笑,仆人闹笑话的原因,主要是注意力分散,误听了县官的话。在学习中,学生也常有分散注意力的现象出现,比如上课走神。

上课走神是学生普遍存在的现象,尤其是处在成长发育期的学生。有的学生不管哪节课、哪门课都走神;有的学生则是部分学科走神;有的学生常常是在某个时候,如下午第一节课出现走神……尽管很多学生下过很多次决心要改变这种局面,但就是改不了。为此,很多学生非常苦恼。

是什么原因导致上课走神呢?

根据经验和专业研究,上课走神的原因一般有以下几种:

(1)对学习的目的、意义认识不足或对所学内容缺乏学习的兴趣。有的学生认识不到自己学习的目的,上课总是抱着无所谓的态度听课;有的学生上课虽然想认真听,可是不知道该听什么,注意力一会儿集中,一会儿又分散,老是飘忽不定;有的学生总是凭兴趣听课,遇到不喜欢的老师和学科就不认真听,久而久之,就会出现上课走神的问题。

(2)受外界环境因素的干扰。如家庭或周围生活发生重大变故,牵扯精力，或者受教室外的噪音、课堂上的突发事件等因素的影响，思维容易分散。

（3）不能与老师的讲课同步。部分接受能力强的学生反应敏捷，理解教学内容快，他们认为老师讲课的节奏太慢，内容太简单，听不听都无所谓，因此容易出现走神。而部分基础知识有缺陷的学生，上课则总是跟不上老师的节奏，常常不知道老师讲到了哪里，因而也出现走神。

（4）过去养成了不良的学习习惯，上课注意力总是不集中，于是认为自己无可救药了，从而放弃努力，任凭自己处于走神状态。

（5）身体因素，包括饥渴、疲劳、生病等。有些学生身体虚弱，作息时间安排又欠妥，大脑无法长时间运转，难于集中精力投入学习，因而不由自主地走神。

（6）心理或情绪因素的影响。比如考试分数比别人低，受到了老师的批评、同学的嘲笑，或是与同学或家长发生了矛盾、误会等等，上课心里一直老想着，思维往往容易走神。

（7）青春期发育，过多关注教室里的异性，思维容易走神。这在中学生中比较常见。

（8）抽象思维发达，想象力丰富。往往从老师讲的某个地方开始引申发散性联想思考。

导致上课走神的原因很多，学生应针对自己的情况，采取恰当的措施，对症下药，予以克服。

上课走神怎么办

张扬近来很苦恼，他发现自己上课时总是走神儿，不是想着昨晚的电视情节，就是盼着下课去操场上踢球。他尽力使自己集中精力，可不一会儿就不知不觉又走神儿了。这可怎么办呢？

张扬的苦恼属于学习方面的行为问题，即上课精力不集中，出现走神。所谓"走神"，在心理学上称之为注意力不集中。什么叫注意力？心理学家认为：注意力是心理活动对一定事物的指向和集中。用通俗的话说，就是我们在做一件事的时候，大脑把全部精力都倾注于这件事而不去关注其他事情或问题。不同的人保持注意力的时间是不同的，注意能力的差异是客观存在的。但是，注意能力也可以通过生活实践的锻炼而得到改善。

那么，怎样克服上课注意力分散、老是走神的毛病，专心致志地听好课呢？

（1）要增强上课的目的性。上课前在心中默默地下决心：我一定要将这节课的内容当堂消化掉。有没有这样的心理准备，上课时的精神状态和学习的效果大不一样。实验证明，有这种心理准备的学生能消化当堂课内容的40％左右。同时要带着问题听课，在哪门课上爱"走神"，就专门预习哪门课。经预习后，学生就可以带着问题有目的地组织自己的智力活动。比如，有的问题在预习中没搞懂，就应该加倍注意。有的问题书上并没有，而是老师补充的，则要认真听，然后简要记在本子上。这样有目的地听课就不容易"走神"。

（2）打好知识基础，扫除听课障碍。有些同学学习基础不够扎实，知识缺漏多，造成听新课困难和听不懂，这样就很难集中精神往下听了。这些学生解决上课分心的首要任务是扎扎实实打好基础，及时补好知识缺漏，形成学习上的良性循环。另外一些学生则是因为老师讲的都已经懂了，觉得没有必要认真听而走神。这些学生需要把听课的目标定得高一些，当的确听懂之后，应该在心里与老师不出声地对讲。通过这种对比，学生会发现老师讲课的重点、难点或自己的疑惑点，这样不仅将所学内容复习一遍，而且会加深对所学内容的理解，当然也就不会走神了。

（3）戒除不良习惯，净化学习环境。有的同学上课时精力不集中，往往和上课做小动作相关。比如手里玩钢笔或小玩具，在课桌上涂涂画画……这些动作往往干扰了大脑对课堂学习内容的注意，由于注意力分散，听完课后对课堂内容印象并不深。戒除不良习惯的方法是要通过净化学习环境的方式来实现对自我的控制，比如课前收起与上课无关的报刊杂志等容易分散注意力的物品，爱玩东西的同学上课时可以把手放在膝盖上或背到背后等，这些都可以保持注意力的高度集中。

（4）加强意志锻炼，提高自我控制能力。上课坐45分钟难免会辛苦，也难免会有内外的干扰，这时要凭意志力来自我约束、自我监督、自我控制，把注意力自始至终集中到听课上来。

（5）生活要有规律。按时作息，保证充足的睡眠，克服看电视或玩游戏机到深夜的习惯；避免用脑疲劳；积极参加体育活动；不要让无聊的事耗费宝贵的精力，以保证有充沛的精力来到课堂上学习。

（6）养成注意习惯。上课过程中，要会"自我提问"，积极进行思考；"走神儿"时，要会"自我暗示"，保持注意力的稳定；课堂临结束时，更要使注意保持紧张状态，决不能虎头蛇尾。俗话说"习惯成自然"，从养成良好的注意习惯入手，才是全面提高注意力、防止上课走神的办法。

下面介绍几种具体的克服上课走神的办法：

1. 自我暗示法。

自我暗示能够激发内在心理潜力，调动心理活动积极性，有助于注意力的集中，防止注意力出现涣散。学生可以在学习时用自言自语的方式提醒自己，如："集中注意""不要分心""努力听讲"，也可以找几张小卡片，在上面分别写上："专心听讲""不要走神""少壮不努力，老大徒伤悲"等句子，然后把它们放到平时容易看见的地方，如铅笔盒里，或夹在课本里。这样，上课听讲只要一看到它们，就会提醒自己："别走神儿呀！"

2. 记录法。

给自己准备一个小本子，专门用来记录走神的内容。比如，今天数学课中在想昨天的足球比赛，那么就要在本子上做记录："数学课——足球赛——约一分钟半"。这样记录几天以后，再从头至尾认真看一遍，就发现自己胡思乱想的东西是多么无聊，浪费了多么宝贵的时光。渐渐地，学生就会对走神越来越厌恶，记录本上的内容也会随之越来越少。

3. 训练听课技巧。

有意注意是一种复杂的脑力劳动，时间长了会引起大脑疲劳，导致注意力涣散或分心。训练听课技巧，一是要求学生做好课前预习，了解老师讲课的重、难点；二是听课时根据老师讲课的进度，调整听课心理状态，重点问题集中精力，次要问题适度放松；三是带着问题听讲，也可以有意识地寻找问题，发现异点，激发听课兴趣；四是努力追寻老师讲课的思路，找出自己的疑难点，及时提问。

其实上课走神是难免的，一节课里要持久地保持注意力集中，并不是件容易的事。通常，走神的时间并没有我们想象的那么长，所以只要意识到自己走神了，立即将注意力集中到课堂上，贯穿一下前后的知识，只要没有遗漏就行了。没必要浪费精力去自责或者懊恼，加重自己的精神负担。

怎样防止上课打瞌睡

小明是五年级一班的学生，最近不知什么原因，一上课就想睡觉。往往上课老师讲了不到十分钟，他就开始在下面昏昏欲睡。由于上课经常打瞌睡，错过了老师讲的许多重要内容，结果学习成绩直线下降，为此，家长和老师都对他提出了严厉的批评，他自己也很苦恼。

学生上课打瞌睡，一般有以下几方面的原因：

（1）对学习没有兴趣，不想学。于是上课不专心听讲，经常打瞌睡。

（2）基础薄弱，上课时跟不上老师的节奏，认为这门科目反正学不会，不如不学。于是，上课心不在焉，睡意浓浓。

（3）睡眠不足。晚上睡觉过晚，以致白天精力不足，上课打瞌睡。

（4）情绪抵触。觉得该科课堂枯燥无味，或者与该科老师关系不好，所以一上该课就会习惯性地进入瞌睡状态。

（5）身体原因。课间活动过于剧烈，带来身体上的疲惫，或者身体虚弱，精力难以持续较长时间，听课过程中由于精力不济犯困。

针对上课打瞌睡的情况，可以采取如下措施来予以克服：

（1）培养自己对于学习的兴趣。比如文科，有些学生不喜欢上语文课但却喜欢读故事书、小说，可以通过阅读这些课外书提高自己的欣赏水平，并从语文课当中寻找相似的阅读乐趣，这样就会逐步改变对原本不喜欢的课程的印象，进而对其产生兴趣。

（2）跟上老师和同学的节奏，找到成功的感觉。对于基础较差的同学，要抓紧时间补上落下的课程，做好课前预习，让自己上课时充满信心和乐趣。如果一个学生某一门科目成绩很好的话，就会得到该科老师的表扬，同学对其也会另眼相看，这种感觉是每个学生都很向往的，他（她）在该门课上也就很愿意认真地去听。因此，要从自己拿手的科目入手，进而带动其他相对较弱的科目，形成"成绩好被推崇——认真听讲保持被推崇——认真听其他课以求被推崇——其他课成绩提高——其他课被推崇——更加认真听讲"这样一个良性循环。

（3）保证充足的睡眠，晚上不要睡得太晚。有些学生为了备考或者赶完当天的作业，经常熬夜奋战。精神固然可嘉，但却为第二天的正常学习埋下了"隐患"。其实，如果不能在当天晚上完成作业，也可以把时间放到次日早上，没有必要为了完成当天作业而影响正常的休息，导致第二天在课上打瞌睡，得不偿失。

（4）学会适应不同的学科和老师。喜欢的课就认真听，不喜欢的课就不认真听，那样只会让自己处于不利的地位。对于自己不是很喜欢的科目，可以采用"不出声的对讲"引导自己听课。也可以用"快递记录"的方法来控制自己，不必把老师讲的内容都记下来，一句话能记下三五个字就行了，这样在无意中就能完整地听完一节课了。

（5）加强体育锻炼，注意饮食起居，合理安排课间，有劳有逸，以饱满的精神和充沛的精力投入学习之中。

如何克服课堂焦虑

据一项问卷调查显示,80%的学生在课堂上都会感到不同程度的焦虑感，而5%的同学有较重的焦虑感，主要表现为站起来很紧张，脸涨得通红，回答问题磕磕绊绊，不能很好地表达自己的观点，甚至即使知道答案也说不出来（而不是不愿说）。这些都严重影响了学生的发展。

随着教育改革的进一步深化，如何解决传授知识与培养能力相结合的问题越来越受到关注。一些学生很会答卷，不论是多么变化莫测的试题，都能考出较满意的成绩。但是将学到的知识运用于实际的能力却相对较差，特别是许多学生上课不敢发言，导致课堂气氛沉闷，和新课标的要求有很大距离。因此，在由应试教育向素质教育转变的现在，克服课堂焦虑就显得尤为重要。

很多学者用"焦虑感"来形容部分学生的紧张、忧虑状态，并把它分为促进性焦虑和妨碍性焦虑。课堂中学生常表现为妨碍性焦虑，它较大地影响学生的学习效果。

课堂焦虑感又可以分为性格型和环境型。性格型焦虑感具有长期性和相对稳定性，属性格特征的一种。一些性格内向、甚至孤僻的学生所感到的焦虑往往属于这一种。而环境型焦虑则相对短期，处于易变的状态，它本身受老师影响较多，也更易控制。

克服课堂焦虑感就是指对影响学生课堂参与积极性的紧张及不安情绪的克服，对学生学习水平的提高起着至关重要的作用。

那么，大家该如何克服课堂焦虑感呢？

1. 成为有效学习集体的一分子

所谓有效学习集体，通俗地讲就是学习小组。这种学习小组在明确和接受集体的奋斗目标和任务时，强大的有权威的舆论激励着他们自觉地克服困难，努力学习，并且具有学习的荣誉感和羞耻感，人人争先，团结一致，在为集体"争光"的过程中也使自己得到了很大的提升。

恩格斯曾说过："个人只有在集体中才能获得全面发展其才能的机会。"班集体对学生有着重要影响。"在学生方面，大群的伴侣不仅可以产生效用，而且可以产生愉悦，因为他们可以互相激励，互相帮助。一个人的心理可以激励另一个人的记忆。"

在有效学习集体中，学生应与其他成员积极交往，彼此之间互相信任与依赖，为了一个共同的目标而努力，一致奋斗，人人参与。在以往的课堂发言中，当有学生答不出或者答错时，其他学生往往会哄堂大笑一番。而在有效学习集体中，当有学生答错时，其他学生应给予其积极的帮助。答对时，则鼓掌以示祝贺。这样既活跃了课堂气氛，又增加了学生体会成功感的机会，大家也就不会再感到焦虑了。

2. 培养积极情感

所谓积极情感是相对于消极情感而言的。具体来讲，它要求学生在课堂上充分调动起学习的自主性，使学习快感化，并且乐于当堂提出自己的疑问、看法以及展示收集到的一些材料，在合作学习中体会成功的快乐。

罗森塔尔是美国一个著名的心理学家，有一次他看到一所小学做所谓"预测未来发展"的测验，于是他就在一份学生名单上圈了一部分人的姓名，并把名单交给了老师，说这些学生智商很高，很聪明，是最有发展前途的，果然这些学生受到了老师的高度关注和重视，因而发奋起来。过了一段时间，他又来到这所中学，奇迹出现了，那几个被他选出的学生现在真的成为了班上的佼佼者。罗森塔尔这时才对他们的老师说，自己对这几个学生一点也不了解，当初他是随便在名单圈的，这让老师很是意外。

为什么会产生这么大的反差呢？因为每个人都希望自身价值被别人发现和认可，即使他并不聪明甚至有点笨。

所以一旦自身的价值被别人发现，被别人重视，那他就会成为一股持久的动力，促使自己重新站起来，抬起头挺着胸膛走路，使自己的成绩一步步地上升。

那几个被罗森塔尔圈中的同学正是因为感受到别人的期望，认为自己是聪明的，从而拾起了自信心，提高了对自己的要求和标准，最终真的成为优秀的学生。

自信是人成长的标志，是成功的基础。只有树立起信心，才能趟过困难的激流，踏过失败的沼泽。

无数的教学实践都证明，树立自信，培养积极的情感对学生克服课堂焦虑大有成效。

合理安排课间休息

课间休息时，大部分同学都跑到室外，有的上厕所，有的活动手脚……唯独小红总想利用这休息时间复习老师所讲的内容。张老师看见后对小红说："人的大脑好像是一部机器，各有各的分工。上课时，大脑的听、说、思维神经系统开始紧张工作，这是一种很累人的脑力劳动，时间一长，它们累了，人就感到疲倦，记忆力和接受力就下降。所以，为了保证下一节课的效果必须要让大脑得到暂时的休息，否则，大脑疲劳会影响上课听讲的效果。"

学校里每节课之间都有 10 分钟的休息时间，这是学校的一项合理规定。短短的休息，能使学生的大脑和维持静坐的肌肉更快地消除疲劳，调整长时间静坐对身体所产生的不良的影响，从而更好地投入到下节课的学习当中。

课间 10 分钟的作用并不仅仅是休息，现代心理学的研究证明，它还有巩固我们刚刚学到的知识的作用。

科学家曾经做过一个关于动物的"学习"实验。将鼠分成若干组，让它们"学习"同一个动作，例如让它们一看见灯光就逃走。在每一次"学习"之后，对鼠进行比较强的电流电击，使其昏厥。显然，这对昏厥以前形成的神经细胞电活动是一种扰乱。这种电击，有的组在鼠"学习"后几十分钟或几个小时后再进行。结果，在"学习"后立即给予电击组的鼠成绩非常差，每次都学不到什么，第二天又得重新学。而那些"学习"后相隔时间比较长再加以电击的鼠，成绩却非常好，电击后的昏厥对它们几乎一点作用都没有，说明上次的"学习"内容已经留在鼠的脑子之中。

有些心理学家对一些需要采用电休克方法医治的精神病人，通过类似实验，得到了相同的结果。

这些实验和事实说明，在学习以后的一定时间内，尽管我们自己并没有意识到，但大脑的神经细胞活动还是在自动地持续着。因此，绝不要忽视课间短暂的 10 分钟休息时间，它对巩固上一节课学习内容的记忆是很有意义的。

在课间休息时，最好的休息方法是到户外进行轻缓的体力活动。身体在进行肌肉活动时，大脑皮层中的一部分神经细胞开始"工作"——兴奋，并迫使进行脑力劳动的神经细胞休息。这样，大脑皮层中的神经细胞就可以轮流"工作"，交替地得到休息。同时，由于体力活动引起呼吸运动的加深和加快，吸入更多的氧气，使大脑得到更多的氧气补充，脑细胞的功能得以更快的恢复。

但是，课间活动不宜过于剧烈。有些学生在课间休息时，喜欢参加跑步、打篮球等剧烈运动，这种做法其实并不可取。

首先，剧烈运动会影响听课。因为剧烈运动后心跳明显加快，常常由安静时的每分钟 70 次左右增至 120 ～ 140 次，加快的心率通常需要 5 ～ 10 分钟才能完全恢复正常。而课间休息时间很短，剧烈运动后不可能有充裕时间来调整，心跳不平静则很难集中起所有注意力，这势必会影响听课效果。

其次，课间剧烈运动会影响健康。一节课的紧张学习，使大脑处于高度兴奋状态，而腰及四肢肌肉处于静止状态，如果这时毫无准备地去进行剧烈运动，身体很不适应，容易引起运动性创伤。假如在冬天，剧烈运动后大汗淋漓，未经抹洗更衣，穿着湿衣服继续上课，很容易着凉感冒，甚至引起其他严重疾病。

再次，课间休息时参加剧烈运动会导致过多消耗热量，体力下降。而现在不少学生的饮食配置又很不合理，早餐吃得很少，有的甚至不吃，这样本身供给的热量往往不足。而课间剧烈运动又加重了这个不足，很容易发生低血糖反应，出现疲劳、头晕、眼花和记忆力下降，除影响学习外，还会损害学生的健康。

因此，在课间休息的 10 分钟时间里，学生既不应坐在教室里继续学习不活动，也不宜参加剧烈运动。比较理想的休息方法是下课后立即到室外去呼吸新鲜空气，舒展一下身体，做一些比较和缓的运动，如做操、游戏、散步和远眺等，这样才有利于身体健康和学习效率的提高，达到课间休息的目的。

第四章

课堂上不可能解决所有问题

课堂只是学习的起点，而非终点。课堂不可能教给你全部知识，也不可能教给你所有必需的生存技能。一方面，随着新知识不断更新，课堂教授的知识加速老化；另一方面，课堂教学忽略了青少年的个性。因此，必须谋求突围，展开个性化学习。课堂之外还有更广阔的学习天地，今后学习的路还很漫长。

课堂不能教给你全部知识

对于现代学生来说，课堂是知识和信息最重要的来源之一。即便这样，课堂依然不可能教给你全部知识，也不可能教给你所有必需的生存技能。一般的课堂教学，多注重知识继承而忽略知识发现，注重间接经验的获得而忽略直接经验的获得。课堂简单退化为知识批量化传授的平台，以完成国家和学校规定的教学目标为中心，不再关注创造力和发现精神。学生大部分的时间在看课本，接受和继承前人的成果，获得间接的经验，却很少有时间和大自然亲密接触，不能获得直接的经验。老师也只是想办法把旧的知识传授给学生，告诉学生是什么，而不大关注为什么。

随着知识的不断更新，课堂教授的知识正在加速老化。而由教育系统主导的课堂教学有其天然的封闭和保守，对这种变化并不能迅速做出回应，及时改观。我们要谈到课堂教学的滞后和学校教育的弊端，正是这种滞后和弊端，导致学校和课堂不能给学生更多，某种程度上反而限制了学生对知识的渴望和追求，毕竟课堂学习占去了学生整个青春年华。

学校教育的弊端会给学生带来众多不良影响：一是感觉钝化。教育目标的偏狭、教育内容的繁难、学业竞争的激烈，迫使学生每天想着学习、考试、分数、名次，常常对周围的一切不是无暇顾及就是熟视无睹。这样必然会令他们对与学习无关的东西无动于衷，进而造成感觉的麻木与钝化。二是疾病增多。疾病主要是由心理的失衡、锻炼的减少和活动的单调引发的。面对学习与升学的巨大压力，学生往往感到紧张、压抑甚至恐惧，进而引发失眠、头痛、焦虑、抑郁、免疫力下降等功能性、器质性疾病。专家近年来所发现的"感觉综合失调症""注意力缺乏综合征"等稀奇古怪的病症，也与学生巨大的学习压力有着直接的关系。三是人格扭曲。我们的教育一向声称是培养人的，但事实上，在由机械操练、强行灌输所构筑起来的教育模式里，学生原本鲜活可爱的人格被割裂、被剥蚀，个性被忽视、被压抑，千篇一律、千人一面成为这种模式的必然结果。加上独生子女的日益普遍，这样在学生中间，就会出现程度不等的孤僻、自私、自闭、自傲、自卑、消沉、怯懦、情感冷漠、言行过激、意志脆弱、性别倒错等人格的扭曲和不健全。四是能力不强。教育本来是要促成人的全面发展的，要使人们各方面的能力得到均衡、和谐、自由的发展，但是我们的教育却畸形发展了学生的部分能力，而置其他许多能力于不顾。且不说学生的生活自理能力、心理自制能力、生存适应能力等相对较差，就是与学习有关的搜集和处理信息的能力、发现和获取新知识的能力、分析和解决问题的能力、交流与合作的能力等，也未得到有效的培养。我们教育出来的许多学生，已逐渐成为不会生活、没有激情、不会创造的一代人。

所以，处于课堂围城中的学生，既要有效利用课堂教学带来资源和好处，也要清楚看到课堂学习的不足和局限，力求突破，以弥补这种课堂教育带来的不良反应。

突破重围，个性化学习

课堂教学和学校教育极大可能地忽略青少年的个性。每个学生的天分和个性是不同的，但接受的教育却都是一样的，学生只能被动的接受知识，而不能主动选择学习对象。学校开设的课程是固定的，不论是什么样的学生，都必须接受同样的课程。由于学区的划分和优势教育资源配置不均衡，以及一些学校自身软硬件条件的限制，某些学生感兴趣的课程并没有开设，也可能永远不会开设。而这天然的短项和局限，又决定了这些学校对单一目标的畸形偏好和对学生个性的更大忽视。

这种忽略个性的课堂教学首先表现为：学校工作不是面对全体学生，而是面对少数优等生；不是促成学生的全面发展，而是偏重于智育；在智育方面，不是力图促成学生智力的均衡发展，而是偏重于知识的传授；在知识的传授方面，不是传授与生产劳动和社会实践相关的知识，而是偏重于传授那些与高（中）考相关的知识。这样，教育工作的具体目标一偏再偏、一窄再窄，结果造就出许多死记硬背、高分低能的"考试机器"，培养出许多学非所用、用非所学的畸形"人才"。

教育内容不同程度地偏、难、窄、怪。当前的不少中小学，仍然把工作的重心放在应付各种考试、竞赛上，搞变相的应试教育，加班加点，培训培优。学生非考不学，教师非考不教，各种机械操练、题海战术层出不穷。其结果是教育内容之偏之难与日俱增，之窄之怪花样翻新，教育工作陷入积重难返的发展怪圈和尴尬境地。

教学形式与方法相对陈旧。教育目标的定位偏狭，教育内容的繁难窄怪，对教学形式与方法有着直接的决定与影响，使之陈旧有余、创新不足。机械训练、死记硬背、师传徒受的接受型学习仍相当严重，而长于思考、善于探究、勤于动手、乐于参与的研究型教学远未确立。学校教育仍缺乏相应的生机和活力，学生的各种能力也未能得到应有的开发。

于是，个性化学习成为当代教育课程改革中十分关注的话题。个性化学习是针对当今我国课堂上强调共性、整齐划一的教育体制提出来的。这种单一、被动、整齐划一的教育方式，使学生感到枯燥、乏味，千人一面，被动接受，失却了自我，流失了个性。久而久之，学生对学习失去兴趣，学习成为复制的过程。这种无视学生个性的传统教学方式，泯灭了学生的思维，扼杀了学生的创造力，严重阻碍了学生实践能力和创新意识的发展。青少年在学习知识的时候，慢慢成为知识的奴隶，失去了他们天性中最重要的东西——个性创造力。

个性化学习是指学生按照自己的方式主动地建构知识的学习方式。是指中小学生以个性特征为基础，以内心需求为核心，在教师的引导和帮助下找到自己个性才能发展的独特领域或特点，相对自主地确定学习目标，自主选择适当的学习内容和学习方式。个性化学习注重学生在学习过程中充分发挥自己的个性，学习者可以按照自己的需求来选择学习的内容、方式、进度、时间和地点。

我国新的科学课程标准基本理念第一条指出，"科学课程要面向全体学生，要为每一个学生提供公平的学习科学的机会和有效的指导。同时，它充分考虑到学生在性别、天资、兴趣、生活环境、文化背景、民族、地区等方面存在的差异，在课程、教材、教学、评价等方面鼓励多样性和灵活性"。此外，课程标准还强调"在学习内容、活动组织、作业与练习、评价等方面应该给教师、学生提供选择的机会和创新的空间，使得课程可以在最大程度上满足不同地区、不同经验背景的学生学习科学的需要"。课程标准把尊重、张扬学生的个性放在极其重要的位置，个性化学习将成为科学学习的主要方式。

课堂之外有更广阔的学习天地

"两耳不闻窗外事，一心只读圣贤书。"这一古人的学习方法并不适用日新月异的现代社会。随着社会的快速发展，学习仅靠课堂是远远不够的。我们虽要学习古人专心学习的精神，但要改变封闭的学习方法，不仅在课堂内要专心学习，在课堂外同样要坚持继续学习。只有这样才能获得系统的知识，提高各方面的能力。在课外学习过程中，个性化学习和自主学习能够得到更好的发挥，并对课堂学习带来有益的补充和提升。

相对于课内学习而言，课外学习一是为了巩固课堂学习内容，二是为了扩大知识面，培养能力，发展个性。因此，课外学习的有效安排也非常重要。很多学生认为课外只要完成老师布置的作业就可以了。事实上，课外学习主要是自我吸收、自我消化、自我提高的过程。因此，在完成作业之后，可以对课堂笔记进行整理，对新课进行复习，有选择地看一些课外书，电视节目，上网去找一些有用的信息，这些都是必要的。

课外学习首先是培养自学能力。自学能力是指独立获取新知识的本领。我们知道，学生掌握知识大致要经历3个阶段：领会、巩固和应用。下课之后，还会有相当多的学生要通过自己的学习来进一步完成"领会"的任务。至于在知识的巩固和应用阶段，尽管学生从老师那里收益不少，但更多的要靠自己摸索着来完成。课外学习为终身学习打下坚实的基础，全日制的学生阶段总会结束，毕业后还将继续上学深造或者工作就业。不过，不仅上大学深造需要极强的自学能力，就是工作就业了，仍然需要再学习。因此，同样需要极强的自学能力才能满足迅速发展的社会需要。而多读、多听、多看、多思、多练、多活动，则是课外学习的主要方式。

课外阅读不可少

中小学生的求知欲强，对于身边的事物都非常好奇，在闲暇之余都会去看一些课外书籍来丰富自己的生活。从另一方面来看，现在的社会竞争无处不在，课余时若"博览群书"，也能拓展自己的知识面，增长见识，积累自己的知识"资本"，从而提高自己的社会竞争力。

学校图书馆和公共图书馆是青少年课外学习的重要场所。它们是学生学习的第二课堂，是"学生的心脏"，可以满足学生获取课外知识的需要，提供健康的文化娱乐。充分认识图书馆的重要性，学会合理利用它，把它与自己的课堂学习和课外学习有机地结合起来，对学生的学习会有很大的帮助的。这是学生应该具备的学习本领，也是应该养成的学习习惯。

在阅读课外读物时，则要根据实际情况来决定，同时必须处理好博览和精读的关系。博览就是"观大略"，在短时间内阅读大量书籍，为精读创造条件。办法有看简介，看目录，看前言，看开头和结尾，从而对书有一个大致的了解。在博览的基础上才能选出适合自己精读的书。精读课外读物时，也不必一气呵成，可以围绕课内学习的中心问题，一部分一部分地去学，以推动课内的学习。精读时，要勤思考，善于发现问题，深入钻研，要及时将阅读的体会，以阅读笔记的方式记录下来。由于精读没有离开当时课内学习的中心课题，会大大促进课内学习质量的提高。

网络资源巧利用

因特网是全球范围内一组无限增长的信息资源，是人类所拥有的最大的知识库之一。随着因特网规模扩大，网络和主机数量增多，它所提供的信息资源及服务将更加丰富，其价值也将越来越高，充分利用网络资源学习已经成为现代学生不可忽视的重要学习方式。

除了可以用来聊天、玩游戏、听歌、看电影，因特网还有好的利用价值，如收发电子邮件、阅览电子图书、参与 BBS 论坛讨论或寻求帮助，通过搜索引擎检索想要的内容，上一些网上学校，在线翻译，这些都对学习和生活有很大帮助。要知道这些用途，首先要具备上网的基础知识。现在这方面的书很多，感兴趣的同学可以参考相关书籍进行学习。但是在上网时也应注意先筛选网上内容再吸收，因此还要加强自律，不可被所谓的"兴趣"、可娱乐性所吸引，否则将荒废学业。

英语学习要多听

在中国，很多人学了十几年的英语，到头来还是不能对话，原因是听不懂对方所说的话，有人把这种现象称为哑巴英语。可见，要学会英语，首先要学会听英语。

第一，听现存的东西。现在出版市场繁荣，开发的外语学习软件也越来越人性化。它的复读、跟读、听写、收音和最近加上的带存储的数码录音功能真是太符合中国人学英语的要求了。只要选好自己要听的内容、要达到的目标，真正地"听懂"几盘磁带、几段电影片段、几段演讲、几段电视新闻、几段生活会话，就能为日后地真正解决听力问题打下坚实的基础。

第二，也可以听自己录制的材料，这不仅可以促进自己弄懂所有知识点，然后带着兴趣反复地练习发音，从而解决读的问题，而且可以在录制材料时有所选择，更因为是自己录制的，重新听自己的声音时，曾经读过的东西如同自己的心声，所以更加印象深刻，更加容易记住。而每次录音前，为了好的录音效果，可以先弄懂所有的知识点，再反复朗读，反复练习，直到自己满意了再录到磁带或 MP3 上去。

学习小组争第一

组织课外学习小组，在小组学习中，可开展"小老师"活动，改变在课堂内的学生角色，为其他同学当一回小老师，发挥各自的才能，互学互教，各取所长。也可开展游戏、竞赛活动，在看一看、学一学、玩一玩、赛一赛的过程中，达到预期学习目标。而更多的是开展的讨论活动，在合作交往中培养学生为共同目标而互相帮助、互相配合的集体精神，主动思考，集思广益，寻求发现问题、解决问题的方法，使学生的独创性思维得到充分锻炼。另外，还可以自行组织学生走出去，去观察、参观、实践。

在这些活动中，学生能体验学习带来的乐趣，品尝学习成功（也有失败）的滋味。在活动中，学生必然会遇到许多没有现成对策的新情况，可以采取以前不曾知晓的方法去试着控制环境，使学生的创造力得到锻炼和培养。通过活动让学生有所触，有所得，有所悟。所有这些活动都要倾注理智、情感和思维，使其从中得到精神的充实和升华。

动手能力要提高

"在做中学"关注的是学生在生活中感兴趣和需要解决的问题，并将它们作为科学教育内容的重要来源。如："空气是物质吗""水怎样变成冰""风从哪里来""声音的变化"等。在选择实验材料方面也尽量选取生活中易获得的有教育价值的物品，如：废纸盒、塑料瓶、气球、吹风机、气筒、磁铁、沙子和水等，都是生活中常见的物品。根据活动内容，成立至少两人或三至四人组成小组，自己设计实验步骤、选择实验器具和材料、设计记录表格、动手操作、不断进行调整，并最终完成实验。实验的目的是证实或推翻实验前自己提出的假设。长期接受这种训练，将有助于学生动手能力、思维能力和合作能力的提高。

生活教育重实践

虽然课堂是学习知识、技能的领地，但是任何知识指源于实践，源于生活。因此，在课外，学生应能更多地到大自然中去，到博物馆、展览馆中去，到社会生活中去，去观察世界，感悟世界。

这种学习方法也是教育家陶行知所倡导的"生活教育"思想。通过细致的、独特的、敏锐的观察，可以增强自己的感受力、记忆力、想象力并且依靠直觉感受、想象和灵感来发展创造性思维能力，观察可以使学生了解社会、了解生活，培养自己的社会责任感、社交能力、实践能力，培养自己独立的分析思考能力，获得自我满足、自我完善或自我实现。可见，这也是一种人本主义的学习观，只有这样主动参与生活、创造生活，才能感受生命的意义，享受生命的光辉，唤醒对生活的热爱。

课堂只是学习的起点，而非终点

在学校情境中，学生学习书本知识绝大多数是被动的接受学习，特别是通过语言文字的接受学习，这是学生在教师的指导和传授下获得知识的最经济、最快捷、最有效的学习方式。但是，这种最经济、最快捷、最有效的课堂学习方式，只是学生学习的起点，而非终点。经过多年的学习和浸润，学生知道真正的学习应该有着更丰富的意义和内容。

在当下的课堂学习中，学生正在逐步获得各个学科最基础的知识储备，并通过老师和同学的帮助在学习过程中掌握基本的学习方法。这还远远不够，毕竟一直以来面对的不过是已有的知识而非未知的领域。学生不过初窥门径，此后是否能够真正进入知识的殿堂，还很难说。正所谓"师傅领进门，学问靠自己"，今后学习的路还很漫长，正如屈原所感叹的那样："路漫漫其修远兮，吾将上下而求索。"

语文教育家叶圣陶先生曾说过"教是为了不用教"，同样的，学也是为了不需要被教着学。学生学习的目的正是为了要达到自主、自觉、自由、自发的学习境界，即掌握适合自己的学习方法，自主获取知识，寻求发展。

自主学习是新课程倡导的新学习方式，是与传统的接受学习相对应的一种现代化学习方式。它以学生作为学习的主体，通过学生独立的分析、探索、实践、质疑、创造等方法来实现学习目标。自主学习强调学生根据自己的实际情况自主决定学习的内容，自主选择学习方法，自主提出问题并自主解决问题，因此现代意义上的学会学习，就意味着更加注重学习的主动性；更加注重获取知识过程中的探索性；更加注重学习方法的获取和学习能力的培养。

方法是能力的核心因素，是完成学习任务的途径和手段。学习方法的掌握高于学习知识本身，只有让学生掌握了科学的学习方法，并能选择和运用恰当的方法进行有效的学习，才能保证自主学习的主体地位，保证学生终生受益。

综上所述，在这条学习长路中，从课堂学习开始，良好的学习习惯就是学生的登山杖，而正确的学习方法则是学生的开山斧。让学生重视课堂，由此起飞。

如何才能有效地阅读，可能并没有统一的模式可言。但是，有一些阅读的基本原理和方法还是普遍存在的，比如，阅读要有目的，要注意时间的统筹，要坚持基本的读书原则，等等。

阅读要有目的

虽然我们都在阅读，但不能说我们都会阅读或善于阅读。善于还是不善于阅读，效果大不一样。会阅读者，讲究阅读方法，可从中吸取很多有用的知识；不会阅读者，不讲究方法，虽读过却无收获或收获甚微。俄国著名作家果戈理的名著《死魂灵》中有个名叫被什加秋的人，他嗜书如命，什么书都读，一会儿读小说，一会儿读化学，不管是哪类书，能否读懂，都拼命地读，为阅读而阅读，乱读一气。结果辛辛苦苦读了一辈子书，混沌的头脑里塞满乱七八糟的东西，什么有用的知识都没学到。俄国大文学家高尔基只上过几年小学，且生活在极其艰难困苦的环境里，但通过读书，自学成才，写出了许多不朽的文学著作，成为著名的大文豪。可见会不会阅读，结果大不一样。

曾经有一位特别喜欢读书的美国少年，在火车上卖报为生。火车一到站，他就钻进附近的图书馆看书，从第一个书架开始，一本接着一本地阅读。他有一个远大的目标，就是要把这个图书馆里的书全部看完。直到有一天，一个常到图书馆看书的绅士告诉他，那样读书浪费的是时间和精力，有效的读书方法应该是先确定好目标，然后有选择地读书。从此以后，这位少年朝着目标，努力读书，最终有所成就，成为著名的发明家，这位少年就是爱迪生。

现代社会是知识激增和信息爆炸的时代，无论是知识的增长、更新、淘汰都在以前所未有的速度进行着。在当今社会，书籍、报刊、资料的数量按指数增长，阅读也面临着新的挑战，因此我们绝对不可能读遍所有的书籍，而是必须带着明确目标，有选择性地朝着某个确定的方向上努力。

阅读必须要设定目标。以科学杂志和学术文章为例，现在的发行量大增，然而今天的大多数人的阅读速度，仍然是每分钟只能阅读两三百个字，这显然是不能适应现实生活中对知识、信息的高速发展变化的。"到什么山，唱什么歌"，我们要不使自己在信息的海洋里被知识淹没，就要变化，对于青少年学生来说更是如此。

阅读很多的书本身并不是过错。如果一个人能在空闲时间多看各种书籍，接触各种事物，是一件好事。虽然爱因斯坦是一个伟大的物理学家，但是他非常喜欢看小说，有着很高的文艺和哲学修养。另一位诺贝尔奖获得者、物理学家格拉索也很喜爱文学和历史书籍，他道出了其中的奥秘："涉猎各个方面的知识，可以开阔你的思路。如看看小说，逛逛公园也有好处，可以提高想象力，它和理解力、记忆力同样重要。"

人的读书生涯是有限的，而知识却是无限的。在浩瀚的知识海洋中，漫无目的学习，就好比大海捞针，耗尽终生也是徒劳无功。为了获得有益于自己的知识，在读书的时候应该把知识划在一定的范围或领域内，这样化无限为有限，就能很好地实现增长知识的目的。同时，要有针对性、有计划性地选择阅读，把广博和精深很好地统一起来，做到广而不散，深而不窄。

学习是学生的主要任务，因此阅读的对象就应该是以教材为主，以此来确定自己阅读的目标、任务，严格按照教学目标、规律来进行。学生的主要精力和主要时间应该用在完成学业上，在学习过程中，牢牢把握教科书上的基础知识，打下坚实的基础，在此基础上扩展阅读范围。

阅读要有目标、有计划，正确的阅读计划是获得良好阅读效果的保证。但是阅读计划、阅读范围的选择和确定并不是一件容易的事。学生面对知海书林，哪些宜背诵，哪些宜精读，哪些又宜粗读，哪些又不宜读呢？如果是教科书及其参考书，应该以老师指导为主，或向有经验者咨询意见；如果是课外读物，则可以以行家推荐的名著名篇为主。

读书可以消遣，可以增长知识，可以励志，但是读书最忌没有目的，没有计划地乱翻乱看。有的学生，很喜欢看书，也不管好歹，拿起书来便啃，结果读书无数，学到的知识却不多。而且，有些书对青少年还有负面影响，有毒害作用，如果不加选择地去读，很可能误入歧途。别林斯基曾经说过："阅读一本不适合自己阅读的书，比不阅读还要坏。我们必须学会这样一种本领，选择最有价值、最适合自己阅读的读物。"

阅读，要注意阅读对象的选择。美国著名科普作家伊萨克·阿西莫夫在他的《数的趣谈》中曾这样写道："几天前，我把一本新的生物学教科书通读了一遍，发觉它写得十分动人。可是不幸得很，我再把该书的前言读了一遍，这一来，就使我深深陷入了忧虑之中。现在不妨把前言的最前面两段文章在这里摘录几句吧：我们的科学知识每隔一代便增加 5 倍……从目前科学进展的速度来看，我们今天重要的生物学知识大约是 1930 年的 4 倍，是

1900年的16倍。以这样的速度增长下去，到2000年左右，生物学所包含的知识就将为本世纪初的100倍。在我读到上面所摘录的那些文字的时候，我觉得世界好像在我身边崩溃了……不久以后，我们都会死于有害健康的教育，让种种事实和概念塞满我们的脑细胞，达到无法消化的地步，让我们的耳边爆发出阵阵资料的暴风。"

面对如此令人困扰的现实，怎么办？阿西莫夫的战略是：忘记它！删除它！

那么该如何忘记它、删除它呢？

首先是要选择第一流的书。因为第一流的书中集中了大量的最有价值的信息，选择了第一流的好书便意味着在阅读之前就删除了大量无用的信息。如果一个人总是徘徊在二、三流的书籍中，不仅会浪费大量的时间和精力，最终也只能达到三、四流的水平。

当然二、三流的书中也蕴藏有一些有益的信息，但正如荷兰哲学家斯宾诺莎所言："至关重要的问题不在于这个或那个知识有无价值，而在于它的比较价值。人们总认为只要提出某一些科目给了他们某些益处就够了，而完全忘了那益处是否充分，还应该加以判断。"之所以要选择第一流的书，是因为我们需要用最少的时间获得最多的有益信息。

但是，仅仅是选好书还不够，因为即使是一篇划时代的文献，里面的所有信息也不全都是你需要的。当研究一个课题或思考一个问题时，所需要的信息就集中在某一点上，一切与此无关的信息都是无用的。

如果把所有的信息都阅读一遍，不仅浪费时间，而且连所需要的信息也可能会被淡化或淹没在纷杂的信息海洋中去了。此时只需借助该书的引言、目录和内容索引，直接在这些信息所在的章、节里找出所需要的信息来。因为，每本书的引言、目录和索引，都最集中地表明了该书最有价值的信息，它们可以很快指引你去寻找所需要的各类信息的藏身之处。

现代社会为鼓励这种阅读方法而做出的最典型的努力就是"文摘"的大量产生。据统计，1926至1946年的20年里，仅是研究锌的著作就比以前的200年间总和还多2倍。因此，要了解最新信息便只能借助于"文摘"或论文检索，甚至还出现了专门从专利登记表中进行引发自己思维的创造技法，可见这种删除无用信息的做法的重要性。

阅读，要坚持一定的方向。1935年，德国扩充军队准备发动第二次世界大战。就在这个关键时刻，英国作家雅格布写的一本《德军的实力分布》

出版了。

在这本小册子中，雅格布详细地介绍了德国军队各军种的详细情况，甚至还谈到新成立的装甲师里步兵小队的具体人数，德军参谋部的人员组成，以及160个主要指挥官的姓名和简历，等等。

德国领导人得知军机泄露，暴跳如雷，下令即刻追查。德国情报部门想尽一切办法把雅格布绑架到了柏林。当审问这些情报资料的来源时，雅格布的回答竟使情报部门的官员大吃一惊。

原来，雅格布是从德国公开发行的报刊上得到全部资料的。因为雅格布早就打算写这样一本小册子，所以他长期以来特别留意德国报刊上刊登的有关德国军事方面的报道，就连丧葬"讣告"或者"结婚启事"之类的也不放过。

比如，有一次他从德国报纸的一个简短的"讣告"中，得知德军驻纽伦堡某师团的指挥官是谁；在另一条"结婚启事"里，他得知新郎是一位少校军衔的信号军官，其岳父是某师的上校指挥官；等等。经过几年的努力，他终于在小册子里基本真实地描绘了德军的组织状况。

德军情报部门闹的笑话说明了雅格布写作的成功，而雅格布的成功又在于他这种围绕一个问题进行定向阅读的方法。

事实上，几乎所有的学者、科学家、作家无不自觉地采用了这种阅读方法。特别是对于自然科学研究方面更是如此，没有一个科学家不是围绕自己的研究课题进行查阅检索的。如果一个人不是带着自己的目的去阅读，无论他读多少书也不可能有所创造。

据说有一个叫亚克敦的英国人，嗜书如命，他书房里有7万卷书，每一卷都留有他的手迹，他活了66岁，始终乐此不倦。可是计其一生竟没给后世留下什么东西，就像戈壁沙漠，汲干了江河流水却不能将一泓清泉喷到地上来，以致被后人讥之为"两脚书橱"。

在现代"信息爆炸"的社会里，一个人既不可能继承前人的全部知识，也不可能掌握现代人的所有创造，因此他的阅读就应该具有高度的选择性，他必须采取定向阅读的战略。

定向阅读的特点是：当你研究某一问题遇到困难时，不是泛泛地去读一些与这个问题无直接关系的书，而是有针对性地从有关书中去寻找这一问题的答案。答案找到了，问题将随之解决，其余的则作一般涉猎，或者暂时撇开不管。

定向阅读的优点是目标明确，注意力易集中，理解也必然深刻一些；节约时间，不使自己的精力消耗在那些对自己无用的文字上面；学用结合，能得到立竿见影之效。

例如：法国科幻小说作家凡尔纳，为了写《八小天环游地球》一书，在确定好内容和构思好故事情节以后，便从各种书中去搜寻写这本书必须了解的各国火车时刻表以及地理知识和风土人情等材料，很快完成了这本书的写作。

庄子有句名言："吾生也有涯，而知也无涯。以有涯随无涯，殆也。"就是说，人的生命是有限的，而知识是无限的，以有限的生命去追求无限的知识，是很危险的。在浩瀚的知识海洋中，漫无目标地学习，好像大海捞针，耗尽终生，难有收效。为了获得有用的知识，我们可以把知识划在一定的范围或领域内。即变无限为有限，用有限的时间去探索有限的知识，就比较容易获得成功。这就需要制定个人定向阅读策略，有选择地学习，根据社会需要和个人情况，了解整个知识体系，认清将要从事的专业知识的具体结构，经过周密考虑，确定明确的攻读目标，并持之以恒地向目标进发。定向阅读策略能够使时间、精力和能力产生"聚焦"效应。

总而言之，就是读书要有目标，要有计划。为了达到某一目的而有意识地进行自己的阅读，是获得良好阅读效果的重要条件。

明确学习目标，制订正确的阅读计划，也不是一件容易的事，学生可以在教师或有经验者的帮助下不断修正，逐步明确。刚开始时不妨将阅读目标定得近些，具体一些，主要围绕着为学好各门课程服务。随着知识积累，阅读目标可以定得大些，考虑得长远些，它可能不再单纯地为学好课程服务，也不仅仅为个人兴趣左右，而是将阅读目标与人生目标联系起来。许多伟大的成功者都是在中学时期确立了自己的人生目标和攻读战略方向。著名数学家陈景润在中学时期就确立了献身数学的人生目标，人们从他中学时期的借书卡上发现，他那时就开始研读大学的数学课本，他的定向攻读策略为日后的成就奠定了基础。

阅读要统筹时间

阅读需要对时间进行统筹。时间对我们每个人都是公平的——它赐予我们谁也不多，谁也不少。然而，每个人在时间的管理和使用上，却不尽相同。

合理地安排、有效地利用，可以给你带来知识和智慧，可以带来财富和幸福。反之，时间就会抛弃你、惩罚你，给你留下惆怅和懊丧。因此，在阅读中注意对时间合理安排、充分利用是必不可少的。那么，我们应该如何去合理地安排与利用时间呢？答案就是要做到对阅读的时间进行统筹，具体来说，就是要设计阅读时间利用表，充分利用零碎的时间进行阅读，并且注意选择掌握知识的最佳时间点。

这里说的阅读时间利用表，不是简单机械的阅读用时分配，而是科学地安排时间和争分夺秒地利用时间这两者的有机结合。要根据所选定的目标明确自己的主攻方向，从而确定要使自己的知识水平达到什么程度，在某个领域内准备有哪些突破和建树？最终创造的成果是什么？之所以设计一个阅读时间利用表，是因为要在时间利用表的规划内有一个明确的读书目标，使自己在每年、每一个月甚至每天都有一个可遵循的轨道，而不至于迷失方向。

设计阅读时间利用表，要考虑四方面的因素：

（1）本职工作的性质与读书内容之间的关系；

（2）所选图书的学科专业特点；

（3）个人的生活方式、习惯与体力、脑力的竞技状态；

（4）阅读的环境与条件。

通过全面分析和综合考虑这些因素，看看自己对时间的安排与利用有哪些优势，如果阅读的内容正好与本职工作直接相关，就等于成倍地增加了自身的阅读时间。假如阅读完全占用的是业余时间，那就应根据专业的需要和特点，结合自己生活、学习的习惯来安排时间。若阅读的环境和时间的条件极差，则应在运筹的实践中，设计出自己的独特的时间利用表。

另外，要严密地计划时间。俗话说，"吃不穷，穿不穷，计划不到才受穷"。人们工作有计划，花钱有计划，但时间支出却往往无计划。没事干的时候，时间白白溜掉了，需要时间的时候，又偏巧没有了时间。这是时间利用上最大的漏洞。

前苏联著名昆虫学家柳比歇夫在平时工作、读书时非常注意核算计划自己的时间。他把每天有效的时间算成10个小时，分为3个单位或者6个"半单位"，正负误差10分钟。再把本身的学习工作任务分成两大类：第一类为中心工作，包括攻读、研究、写作笔记等。第二类为间接工作，包括开会、听报告、读文艺作品等。除最富于创造性的第一类工作不限定时间外，所有可计算的工作量，都必须在规定的时间内完成。

柳比歇夫从 26 岁那年起便采用时间统计法，把每天读哪些书、用多长时间，都事先规定好，到晚上再核算时间是如何用掉的，一天一小结，一月一大结，年终一总结。一直到 1972 年他逝世那一天，从未间断。

这种严密的时间计划，有效地保证了他每一小时的时间都得到了充分利用。柳比歇夫先后发表了 70 多部学术著作，写了 12 500 页的论文和专著，内容涉及昆虫学、科学史、农业遗传学、植物保护等，可谓硕果累累。

某大学的经济系研究生朱玲，也是这方面的一个典范。她平时很注意自己生活、学习、娱乐的规律化，专门备有个"账本"，记载每天在专业研究、基础课学习、文化娱乐、体育锻炼、社会交往等项目上各用了多少时间。晚上临睡前用 8 分钟～ 10 分钟进行小结，检查每天对时间利用得是否合理。这样做的效果极明显，起到了监督和提醒的作用。

有一段时间，她发现自己每天的学习时间下降到规定的 10 小时以下。一查账本发现是课后的一个半小时被回到宿舍与舍友的聊天和干杂务事大块地侵占了。于是，便采取到阅览室去看书或做作业的办法，堵塞了这个漏洞。结果，她利用堵塞漏洞的时间写作出版了《学习漫谈》和《〈资本论〉纲要》两部专著。

由此可见，时间是一个常数，在勤奋者面前，它又是一个变数，就看你计划安排得是否合理。善于计划安排时间的人，能使每一分每一秒都得到充分利用。

达尔文曾说过："我从来不认为半小时是微不足道的很小的一段时间。"经常有人说自己没有时间读书，因为大块大块的时间都是用来工作或是学习了，剩下来的都是一些细碎的小时间。其实，这些细碎的小时间虽然很零碎，不起眼，但是如果把这些零碎的时间合理地使用起来，也是很多的。

著名数学家苏步青，在年逾古稀的时候，身兼数职，社会活动很多，却仍能抽出时间著书立说。当别人问他哪来的这么多时间，苏步青回答说："我用的是'零布头'。没有整段时间，就尽量把零星时间利用起来，每天二三十分钟，加起来可观得很。"有人算过这样一笔账，每人每天可支配的零碎时间约有 2 小时，如果加起来，一年就是 730 个小时。假如一个人活 60 岁，从 20 岁算起，40 年间就有 29 000 多个小时，相当于读 8 年大学的时间。可见，零碎的时间在我们读书学习中是多么重要的一部分。

选择掌握知识的最佳时间点也非常重要。在一天之中，读书时间和读书效果有很大的关系，但并非读书时间用得越长，效果就越好。因为效果的好坏不是由时间长短而定的，而是取决于人体大脑是否在最佳显效的兴奋状态。如果大脑处于最佳显效兴奋状态之中，思维活跃，头脑灵通，读书效果就好，如果大脑处于疲劳之中，思维滞缓，情绪懈怠，读书效果就差。

那么，一天中一个人的大脑究竟在什么时间显效最佳呢？英国学者经过对人体大脑测试后发现，在一天24小时中，人的大脑有4次最佳显效的"黄金时刻"。

第一个黄金时刻是4～6时。所谓一日之计在于晨，指的就是这一大好时间。9～11时，此时大脑注意力强，记忆力好，是第二个黄金时刻。17～19时，人们嗅觉和味觉达到最好状态，脑力、体力和耐力又进入一个高峰期，这是第三个黄金时刻。20～21时，脑力又处于活跃时期，是一天中第四个黄金时刻。

对这4次黄金时刻，选择哪一个时间作为自己的最佳点，就需要根据自己的生活习惯、客观环境条件以及生物钟的规律来选择确定了。

如果你感觉清晨能全神贯注，头脑清醒，那么就把艰深的学习内容和创作安排在此一日之晨；如果你感觉夜间精力充沛，思维敏捷，那就充分利用夜晚的黄金时间，挑灯夜战，甚至通宵达旦；如果你无论是白天还是夜晚都能够保持旺盛的思考力，适应各种环境，那就恰当安排自己的睡眠和休息，使头脑得到松弛，以换取更充沛的精力学习和工作。总之，具体选择哪段最佳点，要因人而异，要遵循人体周期的规律，大可不必刻意去固定哪段时间进行阅读，否则将会适得其反。

合理地安排时间，就等于节约时间。有计划地安排时间，就能获得更多的知识。

阅读要循序渐进

循序渐进是读书治学的一条客观规律，应该遵守，不得违背。要做到循序渐进，就必须克服贪多求快、急于求成的偏向。科学是老老实实的学问，要掌握它，就必须日积月累、细水长流，切忌急躁情绪。一个概念、一段文章，往往不是一下子就能深刻掌握的；就好比吃饭，要一口一口吃，细嚼慢咽，才能消化吸收。贪多求快难以甚解，易成囫囵吞枣。责多求快难以守恒，易半途而废。要知道，违背读书规律，欲速则不达。好高骛远，企图一口吃个胖子，是决然不能奏效的。我国古代的学者大都强调，读书一忌快、二忌多、三忌腻，主张循序渐进、锲而不舍，真正把知识学到手。

循序渐进，必须打好基础。基础知识好比盖楼房时的地基，地基越结实，可盖楼房的层数就越多，地基不牢，不要说建高层建筑，建一般楼房也会倒塌。各行各业都有自己的基本功和基础知识。我国古人读书，先背诵一些基本书籍，用它作为进一步学习的基础。研究一门科学，掌握基础知识是起码的条件，不打好基础，就好像树没有根。比如，中学阶段的各门课程，都属于基础知识的范围，学生都应该注意学好这些基本课程。

古往今来，但凡研究读书之道的书籍或文章，无不提及"循序渐进"的读书方法，这种方法也一直为古今中外历代学者所重视和倡导。这是为什么呢？大概是由书中知识体系的内在逻辑所呈现出的由低到高、由浅入深、由简至繁的发展规律所决定的吧。而如果给这个规律以形象的比喻的话，就如同我们平时所进行的登山活动一样：人们登山时，就是从山脚下开始，经过一步一步地由山脚下循序到山腰，又由山腰渐进至峰顶的过程，最终一览众山。这个登山的过程便是循序渐进的过程。

读书也是这个道理。所谓循序，就是遵循知识发展的内在逻辑和客观规律；所谓渐进，就是由低层次知识到高层次知识，由浅入深，由点到面的读书、求知与深造。循序渐进读书法，既符合知识的结构原理和逻辑体系，也符合人们获得知识、认识世界、改造世界的发展规律。

我国古代"拔苗助长"的笑话，说的就是一个愚人嫌麦苗长得慢而去将小苗拔高的故事。结果，虽然从表面上看麦苗是高了一些，实质上却使之大伤元气，枯萎而死，愚人最后落得一个颗粒无收的下场。这个故事形象地告诉我们欲速则不达的道理，倘若不遵从事物发展的客观规律，必然会受到无情的惩罚。

人们探求知识也必须遵循循序渐进的原则。最初人们认为构成物质的基本成分是分子，继而又发现原子是不可分的最小单位。到后来，又发现原子是由电子和原子核构成的。而现在，随着科技的发展，已经获知原子核是由中子和质子组成的。物质构成的由外至内的客观规律，决定了人们认识上的由浅入深的发展。而如果不按照循序渐进的原则，必然违反人类认识的规律，那么人们对客观世界的认识及对知识的求知与深造就无从谈起。

我国著名科普作家高士其就说过读书要循序渐进，应该由近而远，由小而大、由简而繁、由低到高。第一步不搞清楚，就不要去搞第二步。不要好高骛远，不能急于求成。任何一门知识都有其内在逻辑和规律，所以人们读书求知也要有一个由浅入深的渐进过程。

　　那么，如何做到循序而渐进呢？

　　首先，要打好坚实的基础。每一门科学都有它的基础知识，都有先修后继的书目次序。因此，入门务必先学好它的基础知识，遵循科学的学科结构次序，掌握学科的知识体系和层次关系，注意新旧知识的前后联系，以按照规律逐步渐进地学习提高。

　　意大利文艺复兴时期的著名画家达·芬奇从 14 岁起开始学习绘画，他的老师弗罗基俄天天让达·芬奇学画蛋。时间一久，达芬·奇就不耐烦了，埋怨老师：“天天如此地画，能画出什么呢？”于是弗罗基俄耐心地开导他：“如果你认为画蛋很容易，那就错了。事实上，蛋的形状是各不相同的，即使是同一个蛋，从不同的角度看，投来的光线不一样，画出的蛋也不一样。画蛋是基本功，若要成为一名有成就的画家，就要从基本功学起，而且这个基本功必须要学好。”在老师的严格指导下，达·芬奇孜孜不倦地苦练基本功，画了 3 年蛋，为以后绘画打下了坚实的基础。终于使艺术技巧达到炉火纯青的境界，从而创作出《蒙娜丽莎》《最后的晚餐》等不朽的艺术作品。

　　著名数学家华罗庚为打下数学基础，用了五六年的时间。华罗庚最初自学时，基础打得不牢，结果使所学的知识成了“夹生饭”。这个教训使他领悟到，急于求成看似很快，但却容易使基础虚而不牢，不符合读书的辩证法。于是，他就比在学校里学得慢些，练习做得多些，用了五六年的时间才学完高中课程。这个过程看起来似乎学得慢了些，但“磨刀不误砍柴工”。因为基础学得扎实，所以后来华罗庚到清华大学不久，就听起研究生的课了。

　　古今中外众多名家的成长经历进一步说明，基础是提高的前提和必要条件。如果基础不扎实，就是大科学家也难以取得成绩。

　　其次，要注意知识的积累与渐进。阅读渐进需要有质的提高，同时也需要有量的积累。任何一门科学知识，都是从无到有，由少至多，一点一滴积累起来的，必须循序渐进，经过从量变到质变的过程。

　　著名生理学家巴甫洛夫所创立的关于高级神经系统规律的学说，就是经过了几十年的艰辛劳动，掌握了大量材料，进行逐步长期研究的结果。对此，巴甫洛夫认为："要循序渐进，循序渐进，循序渐进。你们从开始工作起，就要在积累知识方面养成严格循序渐进的习惯。"巴甫洛夫如此强调循序渐进，其道理是十分明显的，那就是高深的学问，都要从最基础的知识积累渐进而得。

知识积累在循序渐进的读书过程中，作为基础固然十分重要，但我们在知识积累的同时，更要重视知识的渐进与提高。因为积累只是渐进的手段，而不断渐进至学科的顶峰才是读书的最终目的。

只有渐进，才能达到质的提高，才能产生认识上的飞跃。而且，知识的连贯性与继承性也迫使求知的人读书时必须采取渐进的方式。

如果只积累不渐进，就会停滞不前，辛苦积累的知识最终也会成为过时的"知识垃圾"。

例如，我们在学习语言时，最初由语音开始，而及生字，然后学习词组，再学习句子。按照语言知识的有序性，由简至繁，由低层次知识到高层次知识，逐渐提高语言能力直至学会写作文乃至创作出鸿篇巨制。

我国电光源专家蔡祖泉只读过三年小学，在自学过程中，他遵循循序渐进的原则，先补习了初中数理化及外语的课程；接着，又补习了高中全部课程；在此基础上，他全身心地投入到大学的电学课程。就这样，他边学习边实践，最终学有所成，所研究的一个又一个成果在渐进的过程中得以实现。

与之相反，英国著名物理学家牛顿，少年时代曾有过一次难忘的教训。牛顿在学习欧几里得《几何原本》时，认为书中多是一些常识性的内容，便弃而放之，越级跳过。他想走一条捷径，学起了高深的《坐标几何学》来。结果，他在接受德利尼奖学金的考试中，成绩一塌糊涂。

从蔡祖泉的成功之路和牛顿的失败教训中我们可以看出，不遵循循序渐进的原则，急功近利必然要尝到失败的苦果。可见，读书遵循渐进的原则在读书提高的过程中有多么重要。

生理学家巴甫洛夫曾经告诫青年朋友："你们在想要攀登科学顶峰之前，务必把科学的初步知识研究透彻。还没有充分领会前面的东西时，就决不要动手搞往后的东西。"科学家的忠告使我们悟出一个道理，即在读书生活中，务必遵循科学的读书方法。

总而言之，循序渐进是一种按照知识的逻辑体系由低到高、由简至繁、有系统有步骤的科学读书方法。我们应当学会并正确掌握运用这种方法，从而在读书时做得更好。

阅读要注意比较

一次，唐代诗人李白游至黄鹤楼，凭栏远眺，激情满怀，诗兴大发，但抬头看见诗人崔颢的题诗《黄鹤楼》，自愧不如，便写了"眼前有景道不得，崔颢题诗在上头"的千古名句，辍笔而去。正像戏剧家梅兰芳先生所言，好和坏是比出来的，眼界狭隘的人自然不可能知道好的之上更有好的，不看坏的也感觉不出好的可贵。

读书也是要进行比较的，只有通过比较，才能分辨优劣高低，才能鉴别良莠差异。正如古人云，"独学而无友，则孤陋而寡闻""善学者，假人之长以补其短"。

用互比法读书，可以使阅读不再仅仅局限于接受性的思维活动，而是同时调动记忆、对比分析、鉴别以至进行新的推理和新的想象等多种思维功能，可见互比读书法是一种能动的读书方式。

从比较的范围上来看，互比读书法有宏观比较和微观比较。宏观比较是多角度、多层次的综合比较，微观比较是单项的局部的比较。

从比较的形式上看，互比读书法又可以分为纵向比较和横向比较两种。纵向比较就是对某一专题不同时期的著作的比较，如对唐、宋、元、明、清不同时期诗词的比较等。通过对知识不同发展时期的比较，就能发现新旧知识的差异。寻找新旧知识之间的继承、发展关系，解决旧知识未能解决的难题，促进科学的进步和繁荣。

横向比较指在同一时期或同一标准下不同著作的比较，如对李白、杜甫、白居易的诗的比较等。横向比较有助于我们对一定历史时期的某种知识进行深入全面地了解，并从中了解个性，把握共性，发现规律。

从比较的内容上看，互比读书法有以下六种形式：

（1）题材比较法。题材是作品中具体描写、体现主题思想的一定社会、历史的生活事件或现象。相同的题材，其主题可以不同。用"题材比较法"读书，可以更好地审题立意，写出好的、有特色的文章。

（2）体裁比较法。体裁即作品的"样式"。同一个题材，可以用不同体裁来表现。这种比较，可以培养我们根据不同的文体特点，确定写作重点的能力。

（3）主题比较法。同一题材立意不同，中心也就不同。用主题比较法，能促进我们审清文章立意，加深理解。

（4）人物比较法。同一作品中的人物可以比较，不同作品中的人物也可以比较，这有助于我们在写作时描写刻画人物。

（5）特色比较法。写文章是从作品内容出发，要采用与之相应的表现手法。如在人物刻画上，或以肖像刻画取胜，或以心理描写见长；在线索安排上，有的明暗交错，有的虚实相间。通过比较，总结出各自的特色，有利于启迪读者的思维。

（6）分析比较法。每个作家都有其个性，个性形成了作品的风格。分析比较，就能抓住特色，领会精髓，提高阅读效率。法国哲学家笛卡尔说："最有价值的知识是关于方法的知识。"让我们掌握好互比读书法这把读书的钥匙，去打开知识的宝库吧。

阅读在于浓缩精华

不同的书有不同的含金量，含金量高的书，第一言之有物，传达独特的思想或感受；第二文字凝练，赋予这些思想或感受以最简洁的形式。这样的书自有一种深入人心的力量，使人过目难忘。

我们在读书的过程中对阅读的材料也是如此，要去粗取精、提炼浓缩，找出最重要的、最有价值的内容加以钻研。作家秦牧对此曾有过精辟的见解，他说："读过的书得择要在心里储藏起来，使它真正成为自己精神上的财富。"这里"择要储藏"的过程，实际上就是"浓缩"的过程。

浓缩式的读书法和做笔记、摘要、卡片有密切关系。做读书笔记实际上就是一个把阅读材料加以浓缩、提炼的过程。

笔记不应该仅仅是原书的简缩本，而应该是经过反复考虑和斟酌挑选出来的重心、核心内容。摘要法是抄读的一种常用方法，主要是把阅读后认为是重点的部分、有资料价值的部分记录下来。这样做既能积累知识、储存资料，还能使理解加深、记忆牢固。卡片法是指用做卡片摘录资料来辅助阅读的一种方法。这些内容就如爱因斯坦所说的："在阅读的书本中找出可以把自己引到深处的东西。"

浓缩记忆法也是浓缩读书法的一种形式。主要是把一些复杂的知识进行简化，用具有代表性的字或词改成简练的语句来记忆。浓缩记忆法的关键在于寻找具有代表性的字或词，这些简练的语句能起到提示作用，使记忆的知识像串珠一样被由点带线地回忆起来。

比如，为记历史上秦末农民战争的原因，可将其概括为"税重、役多、法酷"。氧化还原反应规律："物质所含元素化合价升高的反应是氧化反应，该物质是还原剂，物质所含元素化合价降低的反应是还原反应，该物质是氧化剂。"这段话记忆起来很不方便。如果浓缩成"失—氧—还，得—还—氧"，意思是"失电子（的物质）被氧化了—（该物质即是）氧化剂"。这样，复杂的氧化还原规律经浓缩既容易理解，又容易掌握。

还有一种更广义的浓缩，它表现在选择读物上。前人留下那么多书籍，读遍是不可能的，只能加以精选。

英国诗人柯勒律治非常形象地把读书方法比喻为四类：第一类，好像计时用的沙漏，注进去，漏出来，到头来一点痕迹也没有留下；第二类，好像海绵，什么都吸收，不会消化；第三类，好像滤豆浆的布袋，豆浆都流走了，只剩下豆渣；第四类，好像宝石矿工，把矿石挖出来，然后去粗取精，选出宝石为我所用。

第四种方法就是一种浓缩精华的方法，著名物理学家爱因斯坦读专业书籍就是用的这种方法，他把这种读书方法称为"淘金法"，其实也就是去粗取精法。就像沙里淘金一样，把有用的"金子"留起来，将那些无用的"沙子"统统扔掉。

在从事物理学研究和创造时，爱因斯坦大量阅读了伽利略、牛顿等前辈物理学家的著作。这些著作已经历了几百年，其中有些观点与19世纪物理学中的新发现产生了矛盾。于是，爱因斯坦如淘金一般，抛弃了那些已经过时的东西，吸取了一些有益于自己从事的研究中的东西，建立起一整套自己的理论体系，创造了全世界瞩目的"相对论"，为科学的进步做出巨大的贡献。

由此可以看出，去粗取精的浓缩阅读方法对爱因斯坦在物理学领域中的成功起了举足轻重的作用。所以，一个人在学习和工作中取得成功与他选择恰当的读书治学方法是分不开的。在无数的读书方法中，要善于运用，在长期的实践中总结或创造最适合自己的读书方法，这是非常重要的。

作家吴强说："我看书有个习惯，那就是得到什么书都看，不好的，看看丢掉，觉得好的，就一看再看，这样可以接触到多种多样的知识。"其实这也是一个去粗取精的过程。

为什么在选书的时候也要去粗取精呢？

因为书海茫茫，而人的时间和精力却是有限的。因此，选择书很重要。如果不加选择，读的是一本没用的书，甚至是一本坏书，那就不只是浪费时间，还接受一些错误的东西。到底读什么不读什么，这就需要去粗取精的浓缩阅读方法了。要在众多的书籍中，选取精华的书，抛弃那些糟粕，在沙里淘金，才能为读好书打下基础。

去粗取精的浓缩阅读方法，就其性质而言，是运用内部语言对书中内容进行简缩的读书方法，有人给这种方法归纳为以下七类：

（1）扫视法。把按字按词的阅读变为按行按段按页的扫视法。由慢而快，先按行速读，最后做到按页扫视。步骤是翻书扫视——合书回忆扫视所得——形成印象。若印象不深，再重复扫视。

（2）搜捕法。在扩大视觉幅度的基础上要学会找目标，即文眼、段眼、句眼及自己所需要的某项内容。

（3）联系法。文章的段意一般表现得较明确：领起句、收结句、中心句。采用此法读书时，要留心这一特点，进行联系，比较分析，从而较准确地把握全段的大意。

（4）借助法。借助文章注释、简介、副标题、小标题、序言等，较快较准地理解大意。

（5）摘要法。通过扫视，迅速理出文章的要点，诸如题目、写作背景、文章要素、主要内容、写作特点等。

（6）代替法。通过此法阅读，把段变为句，把句变为词。在阅读过程中，配合思索、分析、归纳，把握大意后进行提炼，使文章变为逻辑联系高度概括的词。

（7）取舍法，即带着明确的目的去扫视全书，取己所需。就像雷达追踪监测目标一般，敏锐地抓住文中精华，将其他舍去。

总之，去粗取精的浓缩阅读方法的目的要明确。在保证求知质量的前提下，逐步加快，要从实际出发，从读书要求和个人水平的实际出发，要注意通过做笔记、常复习、勤回忆等方式，不断巩固读书的效果。

阅读在于学用结合

阅读的宗旨最核心的是学以致用。孔子认为，"学"是为了"行"，而且"行"是首要的。孔子还曾强调指出：要"讷于言而敏于行"，强调学与行的结合，即把学到的知识适用到实践中去。用《论语·子张篇》中的话讲："君子学以致其道。"即"学以致用"。朱熹主张读书要切己体察，"读书穷理，当体之于身。"就是要心领神会，身体力行。从读书法的角度来看，朱熹强调读书必须联系自己，联系实际，将学到的理论转化为行动。人们所学的知识，只有有效地运用到生活和实践中去，才会发挥其效用，否则一文不值。

书本知识固然是人们实践经验的总结，但是对于读者来说，它毕竟是间接的，没有亲身体验过的东西，因此单纯从纸上获得的知识就难免流于肤浅。读书只有联系实际，自己亲自体会验证一下，认识才能由浅入深，把书本知识化为自己的血肉。明代医学家李时珍坚持一边读书，一边行医采药，跑遍了祖国的名山大川，最后终于写出了具有极高科学价值的巨著《本草纲目》。清代学者顾炎武，抱定"行万里路，读万卷书"的宗旨，一边读书，一边做社会调查，撰写了具有真知灼见的《天下郡国利病书》，他们都是读书联系实际而取得成就的典范。

与阅读追求学以致用相类似的，有一种目的明确、收效直接的读书方法——用而求学读书法。冯英子在谈到他的读书经验时曾说："我的读书生活，其实就是一面工作，一面学习的过程。书到用时方恨少，我是为了用而逼着自己去学的。这种用而求学的学习方法，可以得到立竿见影的效果。"

学以致用和用而求学是学用结合的两个方向，可谓殊途同归，分别强调了阅读的目的是为了实践，而实践又需要不断地进行阅读。

抗日战争开始时，冯英子被派到前线去做战地记者。战地新闻不同于方新闻，要有地理知识，更要有军事知识。这对于他这个只读了 5 年私塾的青年记者来说，是一个大的难题。为此，他如饥似渴地读了一些历史、地理和军事方面的书籍。

1940 年，根据历史上几次溯长江西上仰攻四川的失败，冯英子写了篇《论荆宜之战》的文章，论证日军不可能攻入四川。更让人惊叹的是，全国解放前夕，冯英子在香港用"吴士铭"的笔名，撰写了大量军事评论，纵观时势，分析胜负，准确有力地抨击了国民党的要害，大大地鼓舞了人民的斗志。

中华人民共和国成立后，冯英子转而从事国际问题研究和撰写国际小品文。于是他又开始攻读有关国际问题方面的书籍，包括英国史、美国史、非洲史，特别是第二次世界大战后的有关史料以及有关国际问题的文学作品。通过学习，他不仅了解了国际形势的发展，也增加了这方面的知识，给工作带来了许多方便，收获甚大。

可见，用而求学实在是读书学习的一个好方法。俗话说：为学而学，烟云飘过，为用而学，用心揣摩。单纯地为学而学，读过的东西像过眼烟云，很难留下印象。为用而学就会细心揣摩读过的东西，以资借鉴，在头脑中留下深刻的烙印，现在许多参加工作后在学习事业上有所成就的人都走过这条路。

既然用而求学的读书方法能给我们带来丰厚的收获。那么，我们应怎样利用它呢？

学用结合的读书方法要注意边想边读。这里的"想"，即指创作的欲望、创作的构思过程。我们读书的目的，不是为了读书而读书，应学以致用，学用结合。就写作来说，你要写哪种体裁、风格、流派的文章，你就去读这种体裁、风格、流派的作品，反复地阅读，读懂、读通，仔细地推敲，灵活运用书上的一切。当然，对于自己想写的东西，则必须意由己出，形随意变，不能因袭别人的观点，死记别人的句子。

学用结合的读书方法要注意边写边读。写是对自己读书效果的鉴定，读是补救知识不足的措施。边写边读，可以推动读书深入发展，逼着你更专心地读书，更全面地收集参考书籍和资料，更深刻地领会书籍的含义，进一步提高思考能力和创造能力。

学用结合的读书方法要注意边干边读。干就是实践，也是知识的支出。我们每个人都会有这样的经历和体会：当接受一项新的工作任务时，尽管自以为有一定的知识积累，但一动手就暴露了自己的无知，发现了学习上的漏洞。正是"书到用时方恨少，愈用愈觉是贫儿"，重新学习使我们又获得了能量。因为知识是前人生活工作经验的结晶。不断地读书学习，知识的积累就越丰富，我们遇到的难题和困难就不难解决了。只有这样不断地实践、学习，再实践、再学习，我们才能不断地进取。正如一位作家所言：常嫌不足，学海无边，茅塞顿开，得益匪浅。

阅读的基本原则

在现实生活中，常常看到这样的现象：在同样的学习时间和环境中，甚至在同一老师的指导下、阅读同样书籍的条件下，不同的人却有不同的收获。有的人学到知识，增长才干，促进了工作，有的人却一无所获，或收效甚微，根本谈不上对学习、工作有所裨益。形成如此鲜明的对比的原因与读者在阅读的过程中，是否坚持了阅读的基本原则有关。

阅读的过程中，应该坚持怎样的基本原则呢？

1. 阅读，需要坚持独立思考的原则

以学生为例，在学校学习中，学生要想取得好成绩，就得坚持独立思考的原则。学习各门功课应该独立思考，深刻理解教科书所讲的内容，掌握内容的要点、重点和精神实质，体会课文深层的含义，以及书背后的道理。例如：作者为什么会这么写，原因何在？还要重视把握内容的层次、知识结构和知识系统。学生在做作业和练习时，也应该独立思考，独立完成，而不应该动不动就问人。课外阅读也必须坚持认真思考、深入理解和记忆，将学到的东西变为自己知识的血和肉，以形成自己的知识结构。

另外，要特别注意的是，独立思考是运用思维方法去探索事物的本质和发展规律并进行知识创新，绝不是毫无根据地胡思乱想。若把想入非非当成独立思考，那将是非常错误的。郭沫若说："科学是实事求是的学问，一定要刻苦钻研，不能够有丝毫的偷巧作假。科学是有严密系统的学问，一定要按部就班地循序渐进，用不着急躁。学到了一定的水平，自然可以解决一定水平的问题。"

2. 阅读，需要坚持储存、比较、批判的三步原则

18 世纪法国著名的资产阶级启蒙思想家、文学家、哲学家和教育家卢梭，一生写下了《忏悔录》《爱弥儿》等不朽著作，他是怎样读书的呢？他把自己的读书过程总结为三个步骤：储存—比较—批判。经过这样三个步骤，卢梭既能全面掌握每本书的思想，又能站出来给予正确的评价，这就使他获取知识具有主动性、批判性和创造性。

储存，即广泛阅读。你先完全接受所读的每本书的观点，不掺入自己的观点，也不和作者争论，主要目的是积累知识。

古今中外有学问的人、有成就的人，都是十分注意积累的。对什么事都

不应该像过眼烟云，要从无到有，从少到多，一点一滴地积累起来。

著名历史学家吴晗知识渊博，学贯中西，为后世留下了多种史学著作。他有一条重要的治学经验：亲手做读书卡片。他一生中亲自动手积累的卡片达几万张。

以上事实说明，任何一门学问的研究，任何一种成就的取得，都需要有广泛的资料积累。这也是阅读的第一步，只有通过这第一步，即掌握了大量的知识，才能进入下一步，对储存的知识加以分析和比较。

比较，即比较从书中学到的知识，用理智的天平仔细衡量各种书的不同观点。把论述同一问题的书都找出来，看哪本书论述新颖、独到、准确、全面、深刻、生动、有说服力。通过比较，可以博采众家之长，集大成于一身，从而获得真才实学。

有一个美国学者，长期研究日本社会，他把日本报刊上有关风俗民情的资料剪下来，积累成卡片，进行分析比较，由此而出版了一本《菊与刀》，真实地描述了日本社会生活，轰动一时。这本书一度成为美国政府对日政策的参考书之一。

比较的优点是不同的作者对同一问题的论述有深有浅，通过比较，有助于我们加深对这一问题的理解。同时，不同作者对同一问题的论述的方法也不可能完全一样，通过比较，还可以集思广益，避免片面化、简单化。有些作品由于作者的局限，难免有这样或那样的疏忽和失误，通过比较，可以发现问题、明辨是非、扬长避短。

各类书的文笔有优劣之分，资料有详简之别，水平有高低之异。通过比较阅读，可以采其所长，为我所用，避其所短，少走弯路。

批判，即找出书中的谬误并加以批判，只吸收书中的精华，吸取对自己有用的、有益的知识，抛弃那些无益的东西。马克思主义的诞生，正是马克思和恩格斯在对黑格尔、费尔巴哈、李嘉图、欧文、傅立叶、圣西门等的学说进行批判的研究的基础上，付出呕心沥血的劳动之后创立的。

掌握批判的方法，就是理论联系实际。一方面，在读书时，要善于分析和综合，克服盲目性，提倡独创性，把书读活，用探索的精神去读书；另一方面，通过批判，只有把认识推到一个崭新的境界，才是读书学习的目的。

经过这样三个步骤，你既能全面掌握每本书的思想，又能"采其精华""正其谬误"，使之"是非有归"，从而为今后的学习和深入的研究打下一个坚实的基础。

储存大量的知识，善于反复地比较，去伪存真地批判，掌握这种阅读的方法，你将成为博学多才之士。

3. 阅读，需要坚持锲而不舍的原则

锲而不舍的精神，表示其毅力坚强，不怕困难，敢于在一个方向上长期坚持，持之以恒。一个人的知识是积少成多、日积月累起来的，一定要坚持不懈地学习，长期坚持下去才能有成效。

法国生物学家巴斯德说："告诉你使我达到目标的奥秘吧！我唯一的力量就是我的坚持精神。"文学家福楼拜说："才气就是长期的坚持。"学问家都具备坚持不懈的学习精神。

4. 阅读，要坚持区别对待的原则

世上每个人的读书方法不尽相同，只要稍留心就不难发现有些书是匆匆翻了一遍就放过去，而有些书则是需要多次反复阅读。

上述这些现象告诉我们这样一个道理：读书不能像数星星一样平均使用力量，不能对每一本书每章每节同等对待，而要根据读书目的区别对待，有略有详，这就要用到变速读书法。

变速读书法是指在读书时，以不同的速度阅读一本书或一篇文章的不同部分的一种方法。

变速读书法是一种科学的读书法。它最突出的特点是把快速阅读与一般阅读有机结合起来，联为一体，以快带慢，以慢促快，充分发挥快读与慢读各自的优点，弥补各自的不足。灵活地运用快读与慢读，既能扩大阅读视野，又能掌握书中的精华，既有量又有质。

许多人的读书经验告诉我们，读书钻研学问，要处理好广博与精深的关系，面对一本书，甚至一篇文章，则要处理好略读与详读的问题。

不管哪一本书，就其内容而言都有观点和材料之分，有主要部分和非主要部分之别。对于一个读者来说，任何一本书都有有用信息和无用信息之分，有关键信息和一般信息之别。因而，无论从客观还是主观上看，都有必要处理好略读与详读的关系，也就是快读与慢读的关系，我们不可能也无须将精力平均分配在全书的各个部分上。

那么一本书中，哪些知识信息应该快读，哪些应该慢读呢？

略读的对象一般是自己已经知道无须记的信息和书中较次要的章节、段落。对于这些地方可以采用快速阅读法，"一目十行"地略读，这种"走马观花"式的阅读，主要是为获得面上的了解。其特点是花的时间少，获得面上的知识多。

详读的对象一般是更新的知识信息和书中重要的章节、段落。对于这些地方就要放慢速度，"十目一行"地详读。

详读时要字字推敲、句句钻研、层层深入地研究，从纷繁的知识中抓住要点，探明主旨，"渐渐向里寻到精美处"。

面对多如繁星的书籍，孰良孰莠，一部书或一本具体的书，何处快读何处慢读，要学会选择，"凡读书须识货，方不错用工夫"。

一本书有一本书的重点，不能一律看待。但在某些方面确有共性：

（1）了解作者所要表达的基本思想，抓住重点。

（2）找出全书最精彩的部分。

（3）分清精华与糟粕。

（4）钻研深奥难懂的部分。有时，你读一本书，其中某一章某一节也许是全书的主旨，不仅特别深奥、难以理解，还可能是起承上启下的作用，不弄懂，就会妨碍对全书内容的理解，因而这也是必须详读的重点。

还有，如果一本书你打算读几遍，也可以根据每一遍的不同目的确定不同的重点。

快离开了慢，就会转化为"杂"与"浮"，慢离开快，又会演变为"陋"与"拙"，快读与慢读的有机结合，才是阅读的正确方法。

精读的书籍一般有两个方面：一是基础类书，如教科书及与教科书有关的参考读物；二是与个人综合素质发展密切相关的经典著作。精读，要掌握精读的要领，学会阅读的技巧。

精细阅读法

精读是细细地读、慢慢地读、反复地读，是一步一个脚印的读书方法。精读不仅要理解掌握全部内容，而且要搞清楚问题的来龙去脉，获得系统的知识。精读的目的，是着眼于知识的深度，提高知识吸收的质量，通过透彻理解，掌握精髓实质，成为自己知识结构的基础。精读必须按一定知识体系，有目的、有计划、有步骤地，由浅入深，由简到繁，由局部到整体，由基础到专业，循序渐进地读。

精读就是在阅读材料的时候逐字逐句、逐段逐节，深入细致地进行阅读，对资料中基本的概念、理论以及全部的内容进行研究和探索。精读的对象主要是那些重要且涉及学科、专业的内容，这些知识与我们的学习、工作关系密切，研究性的精读有助于我们打好坚实的基础。此外，对于博大精深的经典著作或重要段落要反复熟读，细细咀嚼。

精读，要做到"五到"，即心到、眼到、口到、脑到、手到。心到，就是读书要用心，集中精力，全神贯注地阅读。知其然是不够的，还要做到知其所以然，以求对文章有更深刻的理解。眼到，就是眼睛要及时聚焦，阅读仔细、认真，同时在面对某些材料时要学会迅速浏览，提高阅读效率。口到，就是在朗读背诵的时候，声音清晰嘹亮。读书如果一味讲求理解词义、中心思想、写作特点，必然无法体会作品的深刻内涵、丰富的神采，难以真正透彻理解作品。脑到，指在阅读的时候，要勤于动脑，不断思考，尽量理解所阅读的材料，在阅读中不断提高自己分析问题和解决问题的水平。手到，指在阅读过程中边读书，边做笔记、摘要。

精细阅读法最有名的例子，要数赵普"半部《论语》治天下"的美谈了。

赵普是宋初重臣，北宋初年的重大方针政策，都有他的一份功劳。不过赵普虽足智多谋，但知书甚少，当上宋太祖的宰相之后，宋太祖劝他读书，他才开始用功学习。他从朝廷办完事回家，总是关起门来，打开书箱，一读就是一夜。经过长时间的努力，收获显著，处理政务的能力不断提高。

宋太祖死后，赵普又成了宋太宗的宰相。有一次，他对宋太宗说："臣有

《论语》一部，以半部佐太祖定天下，以半部佐陛下致太平。"

赵普死后，家人打开他的书箱，发现果然只有一部《论语》。于是便有了"半部《论语》治天下"的佳话。

赵普一生是不是仅仅只读了一本《论语》不得而知，但他的确精读了《论语》这是可以肯定的。半部《论语》可以定天下致太平可能有些夸张，但就阅读方法而言，赵普的这种精读名著的方法却是值得提倡的。

西汉末年的扬雄，曾有"观书者，譬诸观山及水"的比喻，为什么呢？因为观山水的人，向往奇伟瑰丽的高山和烟波浩渺的大海。而观书的人，则应该向往那些有价值高水平而又比较艰深的名著。登山和临海，可以开阔视野，扩展胸怀，而精读名著则能丰富见闻，提高学识。

因此，日本前首相太平正芳坚决反对"乱读书，不管是东洋的和西洋的"，主张"把那些经过历史风霜考验，依然放射强烈光彩并且有生命力的少数书籍，作为自己实际生活的伴侣，仔细阅读，好好消化，认真实践。如果不这样生活，那就无法满足我们精神上的渴求"。

一部好书能久传后世，不被岁月的尘沙所掩埋，其中必有过人之处。读透这类名著，便可对某门学科的最高成就有较深了解，就可把某一门类的思想和知识精华萃集于胸。

精读名著之所以能够迅速提高思想认识水平，是因为在阅读之前就删除了大量的冗余信息。试想如果赵普不是精读《论语》，而是读些评价《论语》的文章，那么是很难掌握《论语》的精神和深意的。

或许有人会问，这样的精读法会不会导致知识面太窄呢？

这问题清人李光地曾作过回答，他说："太公只一卷《丹书》，箕子只一卷《洪范》，朱子读一部《大学》，难道别的道理文字他们都不晓？"既然这些人都学富五车才高八斗，那么他们的知识面是如何拓宽的呢？李光地用"领兵"和"交友"作比喻说："领兵必有几百亲兵死士，交友必有一二意气胆肝，此外便皆可得用。何也？我所亲者，又有所亲，因类相感，无不通彻。"也就是说，任何一门学问，都是互相联系、互相渗透的，只要其中一种学问被掌握了，那么再去旁及其他学问，便可收举一反三、触类旁通之效。

这种方法犹如草木的根，只有根深，才能叶茂、花盛、蒂固，而这种名著正是学习做事的根底。

不过，并不是任何一本名著都可以精读的，这同样需要选择，要选那些对自己有极大用处，同时又是公认的好书，这样才不致读而少益。

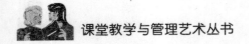

博览阅读法

博览阅读法，是广泛阅读，博采百家，为我所用的一种读书方法。

胡适在论及做专门学问与博览群书的关系时说："理想中的学者，既能博大，又能精深。精深的方面，是他的专门学问。博大的方面，是他的旁搜博览。博大要几乎无所不知，精深要几乎唯他独尊，无人能及。他用他的学问做中心，次及于直接相关的各种学问，次及于间接相关的各种学问，次及于不很相关的各种学问，以次及毫不相关的各种泛览。这样的学者，也有一比，比如埃及的金字塔。那金字塔高 480 英尺，底边各边长 764 英尺。塔的最高度代表最精深的专门学问，从此点依次递减，代表那旁收博览的各种相关或不相关的学问。塔底的面积代表博大的范围，精深的造诣，博大的同情心。这样的人，对社会是极有用的人才，对自己也能充分享受人生的趣味。"

一位文化名人说："为学当如群山峙，一峰突起群峰环。"没有知识的广度，就没有见解的深度；没有群峰环绕的烘托，便没有一峰突秀的壮美。

鲁迅说："只看一个人的著作，结果是不大好的：你就得不到多方面的优点。必须如蜜蜂一样，采过许多花，这才能酿出蜜来，倘若叮在一处，所得就非常有限，枯燥了。"

博览是做学问的基础，也是构建学问金字塔的过程。马克思、列宁、毛泽东同志的博大，与他们博览群书分不开。

马克思在写《资本论》时，先后阅读了 1400 多种书籍。他系统地研究了哲学、政治、经济、历史、法律等社会科学；阅读了大量的数学书籍，并且认真地进行了分析和演算；学习研究了物理学、化学、生物学、解剖学、农学、农业化学、实用经济学；阅读了歌德、但丁、塞万提斯和巴尔扎克等人的作品；还以顽强的毅力学习各种语言，并能熟练地运用德、英、法 3 种语言写作。

为了博览群书，马克思将图书馆作为他读书、搜集文献资料、进行科学研究和写作的重要场所。在长达 25 年的时间里，马克思几乎天天去大英博物院图书馆，每天勤奋攻读 10 个小时。由于他常常固定坐在同一座位，时间长了，座位下的水泥地面被磨去一层，留下了清晰的脚印。

据统计，列宁在其著作中引用的书达 16000 多本。他在写作《俄国资本主义的发展》时，曾参阅了 583 本书，摘录了数十万字的资料，而且是在监狱中进行的。

毛泽东同志一生喜爱读书，具有渊博的知识、高超的政治智慧和卓越的语言智能，并以政治家、军事家、战略家的身份改写了中国的历史，这些都与他博览群书分不开。

所有的学问研究与创造发明，都必须从博览群书中获取知识，汲取营养。

亚里士多德是世界古代史上学识渊博的哲学家、教育家和科学家。他集古代知识于一身，创立了形式逻辑学，丰富和发展了哲学的各个分支学科，对科学做出了巨大贡献。马克思赞誉他为"古代最伟大的思想家"，恩格斯称他是"最博学的人"。

从亚里士多德的研究成果中可以看出他博览的深厚功夫。

亚里士多德至少撰写了170种著作，其中流传下来的有47种。他的科学著作，在那个年代简直就是百科全书，内容涉及天文学、动物学、胚胎学、地理学、地质学、物理学、解剖学、生理学。总之，涉及古希腊人已知的各个学科。他对哲学的每个学科几乎都做出了贡献，写作涉及形而上学、心理学、经济学、神学、政治学、修辞学、教育学、诗歌、风俗，以及雅典宪法等。他对于当时尚未分类的科学，如政治、逻辑、伦理、历史、物理、心理学、美学、教育学等均有研究，并有独到见解。

我国著名学者钱钟书的《管锥编》内容之渊博，思路之开阔，联想之活泼，想象之奇特，中西之连接，古今之贯通，实属人类之罕见，令人惊叹。而钱钟书作《管锥编》引用了2000多种书，旁征博引涉及中西，仅引文就包括中、英、德、法等数国的语言。有人说《管锥编》像是匠心别具的文化园林，将世间文化精华移天缩地，巧妙陈置，相映成趣，打造成立体的风景，让人流连忘返，惊异其中。因此，人称钱钟书为文学的宝库、昆仑和大海。

俗话说，一块石头砌不成金字塔，一根木头造不了洛阳桥。

20世纪70年代初，美国哈佛大学曾对115个科研机构中的1311名科学家进行过为期5年的调查，结论是通才取胜。通才，传统解释是"学识广博，具有多种才能的人"。通才不是全才，而是以本学科为立足点，同时对其他几个学科有所了解。只有知识面广，观察力、想象力丰富，思考问题才会有广扩的思维。

中国科学院院士，国际著名遗传学家，我国现代遗传学奠基人谈家桢说，基础科学和应用科学休戚相关，各学科的相互渗透是当前科学发展的必然趋势。例如，生物学不仅是医和农的基础，而且与社会科学的关系也日益密切。国际上生物学的一个发展趋向就是利用生物材料进行深入细致的探讨来解决人类思维、记忆、感觉、行为等高级物质运动形态问题，使自然科学与社会科学之间的关系越发密切。

有一位学者曾经说过："如果一个生理学问题的困难，实质上是数学的困难，那么 10 个不懂数学的生理学家和 1 个不懂数学的生理学家的研究成绩完全一样，不会更好。"也就是说一个懂数学的生理学家，可能会比 10 个不懂数学的生理学家，更容易取得研究成果。我们要取得学习的成功，就要学会全方位、多角度地阅读，广泛地涉猎，只有从不同学科去研究一个问题，才能打破单一的、僵化的思维模式，发现各门学科之间的内在联系、不同事物之间的普遍规律，把问题的研究引向深入。

鲁迅说："爱看书的青年，大可以看看本分以外的，即课外的书……譬如学理科的，偏看看文学书，学文学的，偏看看科学书，看看别人在那里研究的，究竟是怎么一回事。这样子，对于别人，别事，可以有更深的了解。"

徐光启是我国明代科学家。据说，1626 年中国苏北蝗虫成灾，徐光启为了找到防治的方法，查阅了中国 2000 多年的蝗虫记录，统计了自春秋以来历次蝗虫发生的时间、地点及特点，总结了蝗虫几个阶段的生活习性，提出了全面有效的防治措施。

乔治·萨顿是科学史学科的奠基人。为了更好地进行研究，萨顿不仅掌握了广博的历史知识，而且掌握了包括汉语和阿拉伯语在内的 14 种语言。阿拉伯文是他在中年时才开始学习的，其他语言至少包括拉丁文、希腊文、法文、德文、荷兰文、意大利文、西班牙文、葡萄牙文、瑞典文、土耳其文、希伯来文等。有人认为在萨顿生命的最后 20 多年的时间里，他可能是当时世界上最渊博的学者。

我们只有在博览群书中，打好知识的基础，筑好学问的金字塔，才能成为一个对社会有用的人。

快速阅读

快速阅读，简称快读或者速读，就是用比平常人快几倍、十几倍、几十倍、甚至上百倍的速度进行阅读。

快速阅读，是在注意力高度集中状态下，从文本当中迅速吸取有价值信息的一种学习方法和工作方法。掌握了快速阅读技巧的人能以 2000 字 / 分钟以上的速度阅读书籍和资料，熟练者能达到或超过 10000 字 / 分钟。

从阅读方式来考察，可以把阅读分为两大类：其一是慢读，即按照字、词、句逐个来读，我们把它叫做传统阅读法，也是语文教学中的精读。字斟句酌、细嚼慢咽是它最大的特点；其二就是快速阅读，即一目一行、一目数行甚至一目一页地阅读，以便从文字材料中迅速攫取感兴趣的、对自己有价值的信息的阅读方法。不仅速度快而且理解记忆程度高，能在短时间内获得尽可能多的有用信息。

快速阅读强调的是阅读速度尽可能加快，但决不应是泛泛地浏览或不求甚解地走马观花。也就是说，快速阅读不仅仅要求阅读速度快，而且要求理解率高、记忆效果好。所以，快速阅读应该是在注意力高度集中状态下，以获取有价值信息为目的，一种积极的、创造性的理解记忆过程。快速阅读的真正意义不在于阅读的速度有多快，而在于在快速阅读过程中获得"快速理解＋快速记忆"。快速阅读者能够用和快速阅读同样的速度来同步理解所阅读的内容，并且可以比较牢固地记忆住所看到的内容（包括重要细节）。即"一目十行，触目即懂，过目不忘"。因此，快速阅读的重要作用是通过提高我们对知识和信息的鉴别能力、吸收能力和存储能力，进而提高学习和工作的效率。

快速阅读，是从文字读物中迅速提取有用信息的高效读书方法，是一种高级的阅读能力。下面，我们就从几个不同角度来分析一下快速阅读：

第一，就快速阅读的目的而言，它是一种"去粗取精"式的阅读，也有人称之为"扫描"式或"跳跃"式的阅读，虽然不太准确，但也比较形象。正如爱因斯坦所说的那样，快速阅读就是"在所阅读的书本中找出可以把自己引到深处的东西，把其他一切统统抛掉；也就是抛掉使头脑负担过重并将自己诱离要点的一切"。这就是说，可以把书中那些无关紧要的引文、图表、推理过程等"省略"或者"跳跃"过去，而使目光像雷达搜索和追踪目标一样，敏锐地抓住书中的重点、要点和脉络来阅读。这样，我们就可以用较少的时间获得较大的阅读量，用较少的精力获得较多的知识和信息。

第二，就快速阅读的性质而言，它是一种运用内部语言对文章进行简缩的阅读。要简缩，就离不开"内部言语"，即无声的思维语言，这是人们在头脑中思索、解决问题时产生和运用的言语，具有简缩、跳跃和无声的性质。

一般来说，未经训练的人眼球接受文字信号的速度大大低于大脑的思维速度。视觉感知文字符号时要一个一个或一组一组地进行，还需要眼停和眼跳的配合，每次眼停（对文字注视）需 1/10～3/10 秒左右。阅读过程中眼跳所需要的时间仅仅占 5％左右，其余的大部分时间用于眼停，这是造成感知文字符号速度慢的重要原因。相反，人的思维进行得非常迅速，特别是使用内部言语思维，有很强的跳跃性、简缩性，常常是一闪而过。这样一快一慢，两者不能协调运作，效率就很差，阅读速度自然受到制约；反之，把二者协调好，使其趋于同步，就是快速阅读的重要基础。

第三，就快速阅读的方法而言，它是一种"眼脑直映"的科学运用视力和脑力的方法。快速阅读省略了语言中枢和听觉中枢这两个中间环节，即文字信号直接映入大脑记忆中枢进行理解和记忆。这是一种单纯运用视觉的阅读方式。许多人对这一点感到疑惑，以为自己没有这种能力。其实，这是在识字过程中形成的一个习惯，是完全可以改变的。例如，先天性聋哑人的头脑中是没有声音的概念的，自然不能读和听，但是经过教育，不仅能够读书、看报，而且其阅读速度比一般正常人要高。所以，"眼脑直映"的方式是我们每个人都能掌握的，是真正的"看"书。

巴尔扎克曾对快速阅读做过详细的观察和细致的描写："在阅读过程中，他吸收思想的能力是罕见的。他的目光一下能抓住七八行，而且他的智力理解意义的速度与眼睛的速度相等，往往是一个唯一的词便能使他掌握全句的意义。"这就是说，对文章的内容不是"读"懂的，而是"看"懂的。

第四，就快速阅读的效果而言，它的优势在于快，能够在很短的时间处理大量的文字材料，这对于学生学习知识，对信息检索、筛选、甄别的意义是相当大的。那么，是不是快速阅读除了快以外就没有其他优势了呢？完全不是。经过科学、系统地训练的快速阅读，其整体文章的理解水平和记忆水平都要明显高于传统阅读。

人们普遍认为，延续了几千年的细嚼慢咽的精读，是理解记忆最好的阅读，这其实是一种误解，是把理解和记忆混淆的结果。精读是最利于词句理解的阅读，却不利于整体理解，更不利于记忆的阅读。其原因就是精读的过于缓慢的节奏和大脑处理信息的节奏差距太大，两者不协调，不匹配。而快速阅读却相反，它的节奏和大脑处理信息的节奏更接近，更容易协调和匹配，所以是最有利于记忆的阅读。因此，我们在阅读过程中要针对不同的阅读目的，或读物的深浅、难易程度的不同，采取不同的阅读方式：需要深刻理解的部分，用精读；需要深刻记忆的，用快速阅读；对艰深的，用精读；对浅显的，用快速阅读。根据阅读目的和读物的不同，采用不同的阅读方式，才是科学的合理的阅读。

联想阅读法

我们每个人在阅读时，会时常出现一种思维跳跃的现象，就是由我们读到的知识突然想到另一种相关事物或表面并不相关而又有内在联系的事物。比如看到诸葛亮，我们就会想到小说《三国演义》里的借东风、三顾茅庐；看到达·芬奇，我们会自然地想到名画"蒙娜丽莎"。这种读书时的精神"溜号"实际上就是联想，在阅读的过程中，注意利用这种联想的读书方法就是联想阅读法。

会读书的人常常读到一定的地方停下来，根据书中的内容展开联想。这种读书方法不但可以让我们灵活运用学过的东西，而且可以把我们学过的知识联系起来打破学科的界限。

《三国演义》也是我国一部优秀的古典小说，它本属于文学范畴，但一些有识之士却通过运用联想阅读法，把它的内涵推广到其他领域。日本的大桥武夫认为："《三国演义》是一本探讨如何分析形势，调动有利因素，战胜对手，壮大自己的书，值得日本企业家好好研读。"著名的松下电器公司老板松下幸之助就善于应用诸葛亮的战略战术，使该企业成为日本大企业之一。可见合理地运用联想阅读法不但可以把书本上的知识展开，使学到的知识在实际生活中得以发挥作用，还可能在某一点上产生创造性的突破。

我们读书时免不了要对某章某节或整篇文章背诵，如果只是死记硬背，就非常困难，而且又容易忘记。运用联想阅读法记忆，那情况就不一样了。比如，问美国和日本国土是什么形状，能马上答出的只有很内行的"地理通"。一般人不知道是不足为奇的。而如果问意大利国土的形状，则大多数人都知道。这是为什么呢？因为它像一只我们非常熟悉的靴子。把靴子与意大利国土的形状联想起来记忆就不容易忘记了。

曾经有位名人说过："记忆的基本规律，就是把新的信息和已知的事物进行联想。"联想是世界上公认的"记忆秘诀",也是一种记忆的诀窍。

联想离不开联系和想象。所以在运用联想阅读法时一定要广泛联系,充分想象。

联想不是无缘无故产生的,它需要一定的条件和基础。大千世界,各种客观事物虽然形态各异,性质、成因、用途都不相同,但它们之间总是存在着直接的、间接的、这样的或那样的联系。事物之间或多或少地存在着程度不同的共性,这就是联想的基础。

朱自清的散文《荷塘月色》中有这样一段:"塘中的月色并不均匀,但光与影有着和谐的旋律,如梵婀玲(小提琴)上奏着的名曲。"这里月色和小提琴之间并没有什么联系,但作者却凭借灵活、敏捷的思维将"月色"同"小提琴"联系起来。当我们阅读到这一段时,读者就可以充分发挥自己的联想能力了。

古希腊哲学家阿波罗尼斯说过:"模仿只能创造所见到的事物,而想象连它所没见过的事物也能创造。"对读书而言,想象是一种特殊的联想,它能使我们用别人的眼睛看到我们没见过的东西,同别人一起体验那些我们没有亲身体验过的东西。

通过想象还可以加深我们对作品思想内容的理解。比如,在阅读《白杨礼赞》这篇文章时,如果我们善于想象,那么就能在心里指绘出白杨树笔直、向上、傲然耸立的高大形象,从而深刻地领会到白杨树所象征的那种力争上游,不屈不挠的斗争精神。

联想能带给读者一个可以自由翱翔的天空,但绝对不是随意的胡思乱想。

联想是建立在充分理解的基础上的。要想展开联想。就必须认真阅读和仔细体会文章的意思。一旦领悟,想象就接踵而至。联想还要有一定的知识积累和积极向上的态度。联想不能脱离社会实践。要保证联想沿着正确的轨道前进,就要保证它们基础和起点的正确性,即必须重视社会实践的作用。如果脱离了社会实践,联想就成了无源之水、无本之木。社会实践积累得越多越广,联想的空间也越宽越广。

联想就像神话故事里的飞毯一样,只要学会驾驭它,就能随时随地飞往任何想要到达的地方。

交叉阅读法

　　阅读是一种复杂的脑力劳动，有注意、感觉、知觉、思维、记忆等心理活动。这些心理过程紧张进行的时候，也就是大脑神经处于高度兴奋状态的时候。如果长时间地阅读一本书，就会让脑细胞一直兴奋，使其容易疲劳，无法获得好的阅读效果。

　　人的大脑约由 140 亿～ 150 亿个细胞组成，是一个信息接收、结合和重现的器官。这些脑细胞分成若干个区，它们接受信息是各有侧重的。读书是我们通过眼睛接收信息的求知过程，在这个过程中，负责接收信息的脑细胞就处于兴奋状态。

　　脑细胞的工作规律是兴奋一会儿后，就要抑制一会儿，兴奋与抑制相互交替。所以，我们阅读的时候，就必须依据大脑活动的规律，更换阅读的内容，使用"交叉阅读法"，这是一种提高效率的阅读方法。

　　我们大体可把交叉阅读法分为三种：

　　（1）在一定时间内有意识地调换不同的读书内容。接收信息的脑细胞有一个特点，就是它们之间是有分工的。读数学书时，是这一部分脑细胞兴奋；读文学书时，是另一部分脑细胞兴奋。如果长时间地读同一个内容的书，使大脑皮层的某一部位过于兴奋，就会产生保护性抑制。如果适时变换读书内容，可以使兴奋的大脑得到休息，在其他部位产生新的兴奋点，这样使大脑的活动得到了调节，读书就不会感到疲劳。

　　在这一点上，马克思就采用了"交叉阅读法"。马克思为写《资本论》，在大英博物馆里读了上千册的图书。为了工作和研究的需要，马克思读的多半是抽象的理论性书籍。长时间读这些书，马克思也有疲倦的时候，为了防止和克服这些疲倦，他就采取"交叉阅读"的方法。每当阅读理论书籍感到疲倦时，他马上就把书搁下，再读另一种不同内容的书。他有时读小说，有时读诗歌，有时又津津有味地读一会儿莎士比亚的戏剧。这样，疲倦的大脑得到了休息，他便又可以兴致勃勃地读起深奥的理论书籍了。

　　（2）合理安排阅读时间，在不同的时间交叉阅读不同内容的书籍。一般来说，读政治、哲学、科技类的书籍，需要多动脑筋，比较累。长时间读这样的书，容易产生疲劳感；而读文学、艺术类的书籍则比较轻松。因此，我们在安排读书内容时，就要考虑什么时间读什么书更合适。通常人们在早晨时头脑更清醒些。因为经过一夜的休息，这时的脑力活动呈最佳状态，那么可把比较难读的图书，内容比较枯燥的书籍放到这个时候去读，读书的时间可稍微长一些，而把容易读的书，或自己感兴趣的、消遣性的书放到下午或晚间去读。这样合理地安排阅读时间，可起到一种调节精神和娱乐消遣的作用，也会得到更好的学习效果。

在这方面，英国作家毛姆曾说过："清晨，在开始工作之前，我总要读一会儿书，书的内容不是科学就是哲学，因为这类书需要清新而注意力集中的头脑。当一天工作完毕，心情轻松，又不想再从事激烈的心智活动时，我就读历史、散文、评论与传记，晚间则看小说。"

（3）读书要与文体活动交叉进行。采用了以上两种交叉的阅读方法可以提高阅读的效率，但不得不提醒大家，一个人不能无休止地每天都在那里读书，还必须有交叉地进行一些体育锻炼，参加一些文娱活动，让紧张的脑细胞得到放松，缓解和消除大脑的神经疲劳，增强大脑兴奋与抑制的能力。这样，能够提高大脑的记忆能力。

阅读中要特别注意的一点就是劳逸结合。爱因斯坦就是一位既会读书，又会休息的大科学家。他在读书感到疲劳的时候，就弹弹钢琴，拉拉小提琴。除此之外，有时还去登山，游泳等。他注意了劳逸结合，将阅读与文体活动交叉进行，使他有旺盛的精力来读书和搞科研工作，最终在事业上取得了辉煌的成就。

然而，这种读书方法不一定适合每个人，所以在我们的现实生活中，要根据自己的实际情况来选择读书方法，即使选择非常优秀的方法，也要学会正确地使用，要有控制自己的能力，能把握住自己的读书时间。就拿交叉阅读法来说，如果把握不住自己，或只强调交叉，而不分场合、时间，那只能事与愿违。比如，学生上数学课时，觉得不爱看数学书而要交叉看看小说，上政治课时不想读政治书而要读读课外读物等。这种不能控制自我的，不分时间、地点的，随意的交叉阅读法是不值得提倡的。

全息阅读法

阅读一本书时，要对这本书有一个全面的了解，就要把这本书上的信息进行全面的阅读，甚至还要将阅读扩展到其他和本书有关的内容。尤其是针对一些治学、研究用到的图书，更应该采取这样的方法，这就是下面要介绍的全息阅读法。

全息阅读法是一种全面掌握文献内容的阅读方法，适用于专业图书和工具类图书的阅读与学习。一般来说，非小说类作品的作者写书就像演讲一样：序言，告诉人们将要讲述的内容，每一个章节，通常用相似的方式写成，章节的题目和第一段或开头几个段落点明主题，整个章节会将其扩展，最后以概述作结。如果一本书有小标题，小标题同样会有帮助作用。

许多书还有其他线索，有彩色图画的，就要浏览一下图画和图片说明，有助于理解全文。全息阅读法就是对书的全面信息进行阅读，不仅要了解一本书的正文内容，还要了解隐藏在一本书背后的许多信息。具体方法如下：

（1）翻检题录和文摘。题录和文摘是书的总体概要。阅读了这些内容，一书的全貌就有了概括的了解，在此基础上阅读原文就会有的放矢。

（2）扫描目次和小标题。如果目次比较简略，可适当扫描文献中的各个小标题。小标题是每一章节的概述，了解了小标题，对本章所要讲述的内容就有了初步的了解。

（3）注意序跋。阅读序跋，有助于弄清楚该文献的取舍。"书山有路勤为径，学海无涯苦作舟"是古人的遗训，它告诉我们勤学苦读是求学之道。但是从效果上看，苦读和巧学应该结合。就说读书吧，要读得好，少走弯路，就必须有向导，这向导就是一本书的重要组成部分——序跋。读书先读这些内容，就像在书山里跋涉有了向导。

序，通常在一篇文章或一本书的前面，包括作者写的自序和请别人写的序。写序的目的和作用是向读者交代和这部作品有关的一些问题，如介绍书的内容，评论书的长短，交代作者生平，成书的原因、目的和过程。序文短小精悍，文情并茂，体裁多样。读序不但给读者以读书的多方面启示，而且可以让读者享受到正文中所不一定有的文学艺术之美。

跋，有"足后"的意思，引申为书后的文字。跋实际上是后序，放在文章或书的后面。它主要是评述正文的内容或给正文作些补充说明。所以读书要先读序和跋，以对文章或书有全面的了解。否则，就像游览名山盛景却没有导游一样，会因遗漏景观、领略不到盛景内涵而产生不能尽兴的遗憾。

巴金在《序跋集》再序中说："我过去写前言、后记有两种想法：一是向读者宣传甚至灌输我的思想；二是把读者当作朋友和熟人，让他们看见我家究竟准备了什么，他们可以考虑要不要进来坐坐。所以头几年我常常在序、跋上面费工夫。"从老作家的这番话里，我们不难看到，序、跋虽篇幅短小，却有统摄全篇、画龙点睛的重要作用。即使是一位普通的作者，书成之后也要请行家名家写篇序文。既然序、跋的价值和作用非同一般，那么我们读书就千万不要忘记读序和跋，并以此作为我们有效读书的向导。

（4）研读凡例。非小说类图书尤其是工具书类图书在凡例里，给出了一书的编排体例、收录范围、收录原则、检索方法等。掌握了这些内容，能使你少走弯路，节约时间和精力。例如《世界名胜词典》凡例里，首先说明一本词典收世界各国各地区名胜古迹近三千条，包括山、水、湖、泉、岩洞、园林、宫殿、寺庙、亭台、塔桥、陵墓等。读者一看便知哪些内容在这本词典里能找到，哪些内容没被收录，节约了许多查找时间。

（5）了解附录。附录是书后所附的内容。包括年表、大事记等与该文献有关的信息，附录也从侧面判断文献在其他方面的参考价值。对于研究历史、人物、事件的真相等等都有着极大的参考价值。

（6）阅读正文。浏览题录、序跋，凡例、附录等，实际上都是为阅读正文、深入透彻地理解正文打基础的。打个比方，如果把文摘、序跋等当作血脉，书的正文、书中的论述就是生命。只有将血脉与生命结合起来，肌体才会有生气。将正文与其他部分结合起来，才是读书的好方法。

（7）接触评价。评价性的文章，不仅反映评价者对文献的综合研究和分析以及全面的介绍和阐述，而且提出评价者的见解，指出问题所在或精华所在。接触评价性文章，可以提高认识水平，也可以了解哪些是基本文献，哪些是无关紧要的文献。

一篇好的书评，常常是读书的路标。读书和读书评的关系可以表现为两种形式：

其一，先读书评后读书。读了书评之后，对书有了一定的了解，使我们可以带着目的去读书，或者使我们带着问题去读书，这样读书就深入得多了。

其二，先读书后读书评，这是对我们读书的一次检验，也是一次再学习。读书评就可以发现：为什么人家体会的自己却没有感触？为什么人家分析得那么透彻，自己的认识却显得肤浅？这就能找到自己的差距，从而使读书更深一步。

马克思的《哥达纲领批判》，就是他针对《哥达纲领》写的评论。假如我们先读了《哥达纲领》，对它的错误还不清楚的话，读一读马克思的《哥达纲领批判》，那精湛的论述、深刻的分析、严密的逻辑性，会使人茅塞顿开。

毫无疑问，书评也会有优劣之分。有些书评言不由衷，只知溢美，这样的书评不必。我们提倡读言之有物、有分析、有见地的书评。把读书与读该书的评论结合起来，这是使用全息阅读法不可或缺的一个重要手段。

中国有句古语"工欲善其事，必先利其器"。全息阅读法就是一种治学的利器，善于利用正文以外的信息，可以使我们少走弯路，比漫无边际地读书要省时省力得多。

高效阅读法

随着信息的激增，读书的任务也日益艰巨和复杂。谁有了良好的读书方法，谁就能在攀登事业的峰峦中捷足先登。

可是，正确的读书方法并不是天生的。有许多青年朋友都曾经苦恼地说过："为什么我书读了很多，效果却不大？为什么我越读脑子越像一锅粥？"这些朋友之所以读书收效甚微，是因为其运用的阅读方法有问题。只要改进阅读方法，在阅读技巧上下工夫，就会产生效果。

那么，改进阅读技巧的方法有哪些呢？下面介绍6种高效阅读方法可供参考。这些改进方法，带来的效益是巨大的，只要你愿意去试一种新方法来运用已有的知识，就可能收到事半功倍的效果。

（1）语调法。默诵是阅读和理解过程中的一种方法，可以运用它来作有高度理解能力的快速阅读。最有效地运用默诵是通过语调，语调指的是在读句子时是用升调还是用降调，用语调阅读也就是人们所说的有表情地阅读。

使用这个方法需让视线像平常一样在书页上快速移动。不必发出任何声音，但要让你的思想在每一行上回旋，用一种"内耳"听得见的语调节奏。这种有表情的阅读，能使文字变成书面形式所失去的重要韵律、重音、强音和停顿重新发挥作用，有助于理解和记忆。

为使不出声的语调阅读方式成为阅读习惯。开始的时候，可以用大约10分钟的时间，在自己的房间里大声地朗读完小说中的一个章节。朗读时就像在朗诵戏剧中的台词一样，要带有夸张的表情来念。这样脑子里逐渐会建立自己的一些语言模式，在默读时，就会更容易"听到"它们。

（2）词汇法。也许没有什么方法能比积累丰富而精确的词汇更可靠地永久提高阅读能力的方法。运用这方法，要求把每一个词都当作一个概念来学习，不仅要知道这个词的主要含义、次要含义，还要了解它的来源，掌握它的同义词及它们之间的细微区别，以及它的一些反义词。这样，在阅读中遇到了这个词时，大量的词汇便会闪现在面前，帮助你理解这个句子、段落以及作者想表达的思想。

不过，丰富的词汇要靠平时有意识地积累。只要坚持下去，时间久了，脑子里就会逐渐建立一个储藏丰富的"词汇库"。

（3）回忆法。回忆是自我检查学习效果的一种有效方法。读完书之后，全面回想下书中的内容，进行自我提问，看看记住了哪些，还有哪些问题没有理解，哪些内容没有记住，然后再去翻书本。

我国著名作家林纾曾花8年时间苦读《史记》。他的方法是，读完一篇后，就用白纸盖上，默默地回忆读过的内容。如果有的地方记得不全，就说明读得还不够。于是有针对性地再读一遍，再作回忆检查。就这样，他不仅精通了历史，而且学到了司马迁撰文著书的手法。后来他与人分译的《茶花女》等书，以俊逸的文笔风靡一时，直到今天还继续出版。

许多学者在治学时都有"过电影"的习惯。像著名化学家唐敖庆那样，每天晚上"集中精力在脑子里先放电影"，想想今天都读了些什么，有哪些收获。这也是"回忆"的好方法。以上所述是回忆法的一种，也是平时人们所指的回忆法。这里还要介绍一种"了不起"的回忆技巧，我们不妨称它为"吉本回忆法"。吉本是著有《罗马帝国衰亡史》的英国伟大历史学家。他的这种回忆技巧只是指有组织而认真地运用人们的一般背景知识。

具体来说是，在开始阅读一本新书或者在撰写某一课题之前，吉本经常是独自一个人在书房里待上几小时，或者是独自长时间地散步来回忆自己脑中所有的有关这一课题的知识。当他在默默地思考着主题思想的时候，他会不断惊讶地发觉，他还可以挖掘到许多别的思想和思想片断。

（4）段落法。大多数作者是一段段地讲述自己的思想。因此，要像老师把一篇文章教给学生一样，认真对待每一段，直到你能回答这样一个问题：作者在这一段究竟讲了些什么？你就有把握获得成功。

运用段落法的具体做法是，当你读完每段或有关的几个段落后，都停顿一下，将段落内容概括压缩成一句话。

（5）背景知识法。美国杰出的心理学家戴维·奥苏贝尔指出，阅读的关键性先决条件是你已经掌握了背景知识。奥苏贝尔的意思是如果你要理解所读的内容，就必须运用已掌握的知识，即背景来理解它。背景知识不是生下来就有的，是通过直接的和间接的经验而积累起来的。

如果能认真地读几本好书，会在很大的程度上改进阅读。因为这样做不仅会得到很多练习的机会，还会积累大量的概念、事件、名字以及思想，丰富背景知识。这些背景知识将在今后的阅读中发挥巨大的作用，提高阅读效率。

最初，可以从感兴趣的书籍和科目开始。如果兴趣很少，那也不必烦恼，一旦开始阅读，兴趣就会自然变得广泛的。

（6）结构形式法。有效的阅读的秘诀是思考。就是说必须思考所读到的内容和它所代表的思想。这听起来简单，但事实上并非如此。许多朋友阅读时常常思想不集中，也就是平时所说的"思想溜号"。美国哲学家和心理学家威廉·詹姆斯说，每两三秒钟总有一个思想或念头猛撞着我们的意识之门，把门摇得咯咯作响试图进入。因此，要使我们的思想集中到正在阅读的内容上是很困难的。

怎样才能使思想不溜号呢？有一种方法可以使你阅读时思想不溜号，就是注意弄清作者的思路，也就是我们所说的认识作者所用的结构形式。这样，你就去和作者一起思考。

例如，认出正在读的段落是按时间顺序写的，就会对自己说："我知道她在写什么，她是把所发生的主要事件按年份来描写的。"这样，你的思想就会时刻逗留在读的作品上，并不断地思考它。

为使你能够在阅读中较快地认出作者所用的结构形式，这里简略介绍几种最常用的结构形式，供阅读时参考。

时间型，所有事件都是按照发生时间的先后顺序来描述的。

空间型，各事项都是根据事件发生的地点或彼此有关的安排来讲述或讨论的。

过程型，按事情进行或事物发展的顺序来叙述的。

因果型，这个形式有几种变化了的类型，如问题一起因一解决型；问题一效果一解决型等。

重要性递增型，作者将一串事件中最重要或最富有戏剧性的事件放在叙述过程中的最后。这样会产生逐渐加强的效果，也是平时所说的高潮型。

重要性递减型。作者将一连串事件中最重要和最富有戏剧性的事件放在叙述的开头。这样的结构能一下子抓住读者的眼球。

比较或对照型。作者想要强调事物、事件或人物之间的相似点时常运用比较的方法；想要强调他们之间的区别时，则常运用对照的方法。

第七章

青少年观察能力的训练

人的观察能力并非是与生俱来的，而是在学习中培养，在实践中锻炼起来的。对于青少年来说，具备良好的观察能力，就能获得更多的知识和经验，其对开发智力非常重要。要得到满意的观察结果，除了选择好观察对象、制订周密的计划等，还取决于自身的观察能力和观察水平。因此，必须注意对自身观察能力的训练与培养。本章将介绍一些训练观察能力的方法和原则，以锻炼青少年的观察能力，使他们更好地成长与成才。

观察能力训练的原则

观察能力的训练须遵循的一些最基本的要求，即观察能力训练的一般原则。归纳起来，共有以下几个方面。

统一、全面、和谐发展的原则

众所周知，观察能力是智力的基础、思维的起点。所以我们必须将观察能力发展与其他智力成分内容相统一，从总体上促进青少年的全面发展。

在实际生活中，老师和家长通常有两种不正确的倾向：一是片面强调知识的掌握和积累，不注重技能的锻炼和提高；二是只关心各种技能的训练和提高，不注重知识的掌握和积累。前者导致学生死记硬背各种知识；后者则是热衷于各种乐器、美术等专长，以及各类考级的专门学习，而忽视了常规知识的掌握。这两种倾向都有失偏颇。

观察能力的培养和提升不仅仅是简单地看和听，而是综合运用多种感官以获取知识的过程。尤其是分析能力、判断能力等方面的能力。这就要求青少年不仅要在观察能力品质的各方面和谐发展，还要使观察能力训练与知识积累、智力开发相联系才能不失偏颇，以达到真正目的。

主动性原则

观察能力的培养与提升同样是一个学习的过程，它涉及教与学两个方面。在这个过程中，作为教育对象的青少年的学习主动性十分重要。培养观察能力的最终目标是青少年自身观察能力得到良好发展。没有青少年的积极参与，要取得好的效果是不可能的。

只有主动观察、学习，才能有所成就，在学习的道路上越走越远。需要特别强调的是，主动性的发挥在很大程度上取决于老师的教授和启发，特别是对于小学生来说。

直观、生动的原则

因为直观、生动的形象比较容易被我们感知，所以我们在观察能力的训练中就可以选择那些较直观、生动的形象进行观察分析，以此培养和提升自己的观察能力。出于这点考虑，老师在授课的时候应尽量选择科学合理的直观教具，从上课的时候就开始训练学生的观察能力，久而久之，会起到极好的作用。

观察能力不是天生的，要不断地靠丰富的知识和长期的观察训练才能形成。在教育、教学的影响下，学生的观察能力逐渐得到发展和提升，他们将取得更加优异的成绩。

值得注意的是，青少年要热爱生活，端正观察态度。对小学生的观察训练，要引导他们走向社会，深入生活，以塑造美的心灵、有聪慧的眼睛，从生活中发现美。

观察能力训练的步骤

观察能力作为人的一种能力，是可以通过人为的训练加以改进和提高的。少年观察能力的高低至关重要，决定着学习成绩的优劣。一般来说，观察能力的训练要着眼于生活，家长在日常生活中可以用实物来慢慢引导，加以训练。观察能力训练的基本步骤为以下六步。

1. 明确训练的目的和要求

青少年在进行观察能力训练时，应先明确观察能力训练的目的和要求，再确定训练的内容、水平以及具体要求。可以说，一切的训练活动都应围绕目的展开。

2. 训练前的必要准备

与做任何事情一样，只有做好充分的准备才能取得预期的效果。对于学生来说，所谓的准备主要包括：心理准备、知识准备和对观察对象的了解。

心理准备包括树立信心、坚定信念、虚心学习等；知识准备包括对训练内容要有一定的了解，特别是在训练中学习，在学习中提高训练；虚心学习是指对于所有的问题都应该认真观察，不应觉得简单的问题可以不看、不练。

3. 有个良好的开端

俗话说："万事开头难。"启发和调动青少年的观察积极性，是观察训练中重要的一步，只有好的开端才能保证接下来的训练畅通地进展下去。

4. 学会高效的观察方法

常用的观察方法有：及时观察法、比较观察法、联系观察法、全面观察法、重点观察法、顺序观察法、重复观察法、实验观察法、长期观察法等。我们通常应根据观察的目的来选择适合的观察方法。当然学生掌握了一定的观察方法之后，自然能够提高观察的质量。观察能力的提高是一个漫长的过程，需要付出长期的努力。

5. 将观察训练和其他知识相结合

观察能力作为观察和学习的一种手段，只有与其他知识相结合才能发挥其作用。就如同物理一样，许多物理知识都是和我们的实际生活密切相关的。同理，也只有结合各科知识的学习，观察能力的提升才能更贴近实际。

6. 及时做总结

在观察的过程中，及时地做总结是十分必要的，就像专业知识的复习一样，只有"温故"才能"知新"。总结的形式可以是多样的，总结的时间应该是"趁热打铁"。除小总结以外，还应定期进行大总结，并将有关材料集订成册，以便进一步训练时参考。

观察目的性的训练

良好的观察能力首先要具备非常明确的目的性、计划性和自觉的态度。这既是良好观察效果的保证，又是良好观察品质的体现。我们可以通过以下方法进行训练。

布置任务

未经过观察训练的小学生在进行观察时，往往注意力不集中，而且很容易受其他事情的干扰，甚至忘记了最初的观察目的。因此，在观察训练的初期，家长和老师应适时围绕观察活动布置一定的任务，让学生带着任务去观察。这样有助于学生确立一定的观察目的，使观察有计划地进行。比如，"墙上的画都包括什么""下雨之前外面有什么变化""生字表里的哪些字很相似"等。问题可以是具体的，也可以是概括的，主要应根据学生的年龄和所观察的事物特点来定。

一般来说，训练初期的问题越具体越好，因为学生的思维能力较弱。具体的问题可以促使学生注意观察与问题有关的事物属性，抓住事物的特征。随着观察准确性和完整性的提高，就可以提出较复杂的问题，也可以列出一定的要求，让学生完成任务。

需要注意的是，家长和老师不能简单地将"布置任务"理解成"下命令"。在学生观察训练的初期，不考虑其兴趣特点和接受程度，命令式的任务容易脱离学生的实际能力，可能会破坏学生的观察兴趣，影响观察训练的进一步开展。正确的做法应该是在轻松自然的状态下，自然而然地提出问题，布置任务。

列项画钩法

列项画钩法是对布置任务的进一步深化，具有更强的实际操作性。家长或老师在与学生共同提出观察目的后，可以启发他（或她）列出一个围绕观察任务的项目表。有了这个项目表，学生就能按照项目逐项地去观察了。在实际运用中，我们可将观察任务分解成若干个具体的项目，学生每观察完一个对象，得出一项结果，就在该项目的后边画钩。画钩的方式也可以用贴小红花、画小动物等形式代替。因为这种形式生动具体，所以对于低年级小学生来说效果尤佳。

其实，逐项画钩本身就是在做观察记录。所以，观察结束后，就可以得到比较完整和全面的观察结果。它同时也在培养着孩子做观察摘记的好习惯，有利于观察知识的积累和观察自觉性的形成。

使用列项画钩法的初期，项目可以代为列出。渐渐地，可以鼓励学生自己根据观察目的，列出观察对象的各项具体内容。而且，应当在项目表中预留"备注"的空格。并提示将这些额外的发现填写在"备注"中，或用彩笔或以其他形式标记好。因为在实际观察中，学生很可能还会发现项目表以外的重要特征和内容。家长和老师要及时充分肯定其观察的结果和观察态度，以增强其观察的兴趣和观察的积极性。

看图说话

"看图说话"是指在家长或老师的帮助下，学生将图片上的内容用语言表达出来。这种方法可操作性强，对于培养学生观察的目的性极具效果。

刚开始进行这种训练时，可以将日常用品、经常接触的人等作为描述的对象。因为他们对这些比较熟悉，所以能很快地入手。在基本掌握了观察的要领和描述技巧后，就可以选择较有难度的图片让其描述，如较概括的图画。刚开始，家长和老师可以与孩子共同观看图画，并进行适当地引导，当孩子已经可以独立进行观察时，就可以放手让他们自己独立观察，找出更确切的表述方法和语言。

另外，确定主题之后，可以继续以讲故事的形式引导学生观察画面不同部分、不同位置的内容，找到它们之间的联系与区别。对于低年级的小学生来说，训练观察能力，选择的图画最好是富有教育意义的卡通连环画。高年级的小学生也可以使用看图说话法，以训练他们的观察目的性和完整性。这时可以选择一些独立图画。这样既可以提高他们的观察分析能力，又能够鼓励学生的发散思维。中学生则应通过观察一组连环画，按照记叙文的六要素——时间、地点、人物、事件、原因、结果，写出一个完整的故事。

提高观察的准确性

细致、精确的观察是确保观察质量、提升观察能力的重要内容和先决条件。一般来说，观察准确性的训练还应同时围绕观察的完整性和有序性来开展。以下方法可供参考。

边缘视觉法

说起边缘视觉，其实大家并不陌生。比如，在校门外等候的人群中，你会轻易地看到自己的家人；从一大张名单中你会很快找到自己的名字；你会"一眼"看见身边飞驰而过的汽车品牌、车型以及其他一些特征。换句话说，观察者对于自己感兴趣的事物特别敏感，而且也善于观察到别人容易忽略的某些特征。也许某些人具有很强的观察能力，那其实只不过是他的边缘视觉比较清晰而已。

神经生理学研究认为，在人的中央视觉区的外缘，还有一块很大但相对来说没有很好利用的视觉区域，这个区域就是边缘视觉。在人的视网膜上，大部分都是边缘视觉地带。因此，对于边缘视觉的开发和训练，可以大大提高视觉的感受力范围和感受性程度，对提高观察的完整性和准确性有极大的帮助。

一般来说，观察准确性高的人，是"既见森林，又见树木"的。他既能把握事物的整体，又能敏锐地观察到事物的细节。这一能力需要观察者既具有广泛的视觉范围，又有较高的视觉敏感度。所以，我们要提升自己的观察能力，就可以进行"边缘视觉法"的训练。

边缘视觉法的训练方法是：先保持固定的目光聚焦，凝视正前方，同时用余光观察四周。刚开始可能不会很自如地控制余光，而且范围可能也较窄，然而随着有意识地锻炼，用眼睛余光看东西的清晰度和范围都会逐渐增加。

中心单元法

中心单元法是围绕某一观察对象（或内容）进行一系列观察活动，以求完整、准确地把握和理解事物的现象和本质。这个方法能够结合日常生活灵活开展，而且易于坚持。

有位家长为了提升孩子的观察能力，设计了一系列观察植物生长过程的活动。首先，他和孩子一起观察了家里的盆栽，让孩子获得了初步的印象，并让孩子用简要的话语将自己的观察感受记录下来。接着，他要求孩子观察新苗的萌发。然后，对其生长过程进行细致的观察。这一过程实际也是运用分析和比较的过程，孩子的观察兴趣会随着对观察对象的了解而进一步增加。随着时间的推移，孩子不但了解了这盆植株的生长特性，而且对其变化规律也有了细致的掌握。同时，在观察的过程中对于孩子的疑问或发现，应一同查找有关书籍，学习有关植物生长环境、生长状况等方面的知识。整个过程轻松自然，而且会留给孩子丰富而深刻的印象。

该方法贵在围绕"中心"坚持下去。当然这种坚持也是有序进行的，要根据学习的材料和知识积累而循序渐进，否则杂乱无章的内容不会构成一个"单元"。

造型艺术法

大多数中小学生非常喜欢画画。欣赏美、发现美、创造美也是观察能力的一个重要组成部分。因此，家长和老师应该根据美术这一造型艺术的特点，运用科学的方法，有步骤、有目的发展孩子的观察能力。更为重要的是，一次完整的造型艺术活动，也是有序的观察活动。因而"造型艺术法"是训练观察完整性、有序性的好方法。

小学阶段，孩子的绘画力求逼真，进入写实阶段，画得好不好主要在于像不像。孩子的绘画不真实，就是因为观察的准确度不高，只是突出自己关注的、感兴趣的部分，而忽略了其他部分，这样画出的图画就会比例失调。正确的做法是，在观察物体时，首先要对实物整体有一个全面的了解（无论是形体、结构、亮度、色彩还是比例关系，都要先从整体上去分析和比较），然后再观察整体中各部分的位置以及它们之间的关系，最后再对整体进行更进一步的认识。

值得注意的是，学生在临摹、素描、写生时，应从正面、后面、侧面各个角度有序地围绕物体进行观察，才能获得完整、准确的印象。绘画水平的提高，也伴随着自身合理、有计划、有步骤地增强视觉能力，是观察准确性训练的良好途径。

除了绘画，老师和家长还应培养高年级孩子对于书法、泥塑、篆刻、根雕等造型艺术的兴趣，有意识地引导孩子各方面素质的提升。

使观察更有条理

观察是一种复杂而细致的艺术，不是随随便便、漫无条理地进行所能奏效的。所以，观察要有一定的顺序，要有条理。所谓的条理，即统筹安排。众所周知，观察对象不仅各部分、各属性之间有一定的内在联系，而且它同周边事物也存在着一定的关系。这就要求我们在观察的时候要抓住事物的特征，有顺序、有步骤地进行。

使观察更有条理，是让青少年学会有步骤、有计划、有顺序地观察事物。顺序性和条理性是观察的一种重要品质，要提高学生的观察分析力、判断力，在观察时必须要注重条理性。观察的条理性可以通过以下方法进行训练。

程序转换法

观察过程总是要经过一定的顺序来逐渐完成。能否迅速地找到适合观察对象的观察顺序，是一个人观察能力高低的一种表现。因此，应学会用一定的观察顺序来观察不同的事物或用不同的观察顺序、观察角度来观察同一种事物，来获取丰富的信息。而学会比较分析，是提升观察能力的有效手段。

无论是长期观察还是短期观察，都要遵循一般的顺序和步骤。从事物出现的时间顺序出发，观察可以由先到后；从事物所在的空间出发，观察可以由远及近或者由近及远；从事物的本身结构出发，观察可以从上到下或从下到上，从左到右或从右到左，由内到外或由外到内，由整体到局部或由局部到整体等。

程序转换法是让学生学会选择不同的顺序来观察同类的事物。比如，观察某种植物、动物、小实验、运动会等，通常都用从整体到局部，再从局部到整体的顺序分析法；观察风景、山色、丰收的田野、雪后的景色等时，多采用由近及远或由远及近的方位顺序法；观察某一事件时，则必然按照开头、经过、结局的时间发生顺序进行观察。这种训练可以使学生有条不紊地进行观察和分析，抓住事物各方面、各层次的特征，使观察能力、思考力等方面的能力都得到相应的提高。

提引法

如果观察方法不当，观察就不会得到有效的结果，学生对活动的兴趣也会降低。此时，老师和家长的启发、帮助等"提引性"语言或行动是十分重要的。比如，孩子对某个物理实验的观察，如果因遇到疑难问题而受阻的话，家长或老师应及时进行引导，使孩子的观察活动能顺利进行下去。

另外，家长或老师的提引作用远不止于防止学生观察的中断和注意力的分散，更多的是要引导孩子运用联想、对比、想象等方式，透过事物的现象抓住其本质规律，使观察更深入。观察能力的重点不仅在于学生"看到了没有"，更在于"看到了什么"，这是家长和老师提引的目标所在。

补全法

没有经过观察训练的学生，对观察的对象往往不得要领，获得的印象是支离破碎的，没有一个全面的印象。补全法就是针对这种情况，使学生观察得全面、细致的一种方法。

例如，家长可以在孩子背诵的时候给予某些提示——"他说这话的时候是什么表情""他手上还拿着什么东西，之后才进来的""少了一段，描写景色的，再想想"等。通过这样的简单提示，孩子就能将"不全"的部分逐渐"补全"。要注意的是，家长千万不能替孩子"补全"，而是要引导孩子发现有哪些"不全"的地方，然后加以"补全"，这是"补全法"的关键所在。

应该注意的是，"补全"并不是没有秩序的拼凑，而是按照一定的规律来完成的，否则观察的结果依然是支离破碎的。对于学生的观察，首先要注意他们观察到的东西，肯定其中反映了事物本质的内容，进而启发他们去发现另一些与其他事物显著不同的方面，再借助他们已有的知识和经验，去比较和分析此事物与彼事物的异同之处。在这个过程中，学生不仅在全貌上把握了对象，而且在比较分析中加深了对事物联系的认识。

"补全法"除可以将分散的片段"补"完整、"补"全面之外，还能够将笼统、模糊的印象"补"生动、"补"清晰。例如，在学生写作文时，常常会感到无话可说。对于这种情况，老师可以运用"补全法"启发学生描述主要特征，并加以联想和想象，将景物变"活"。这样一来，就不会"没有什么可写的了"。

观察有序，则说之有序。"观"是基础，按顺序观察所得，则头脑中的"映像"有序，口头表达时则思维清晰，所说的话自然也有条不紊。

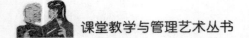
加强观察的理解力

观察能力是一种有取向、有意识、有计划运用感官进行自觉感知的本领，是高级的知觉行为，以认识和理解事物本身为目的。因此，在培养观察能力的过程中，要注意克服偏离观察意图的单纯兴趣和偏好的心理驱使。

例如，观察硫在氧气中燃烧的现象时，只为看到蓝紫色的光愉悦，以致忽视了与其他物质燃烧的现象进行比较。这样的观察结果，实际失去了观察该实验现象的价值，更无法对该实验与其他相关的物质燃烧实验相联系。这说明了"观察是理解的基础，是思维的先行"，也说明观察能力在整个能力培养中的重要位置。

在培养观察能力时，应注意在目的和计划限定下边观察，边思考，从而得到相应的理性认识，完成由感性到理性的飞跃。

理解力是衡量学习效益的重要指标，它包括以下方面。

整体思考的能力

学习需要借助积极的思维活动，弄清事物的发展变化，把握事物的结构层次，理解事物的本质特征和内部联系，需要对学习材料作整体性的思考。因此，我们应该培养全局观点，考虑问题要从大局出发，着眼于整体问题的解决。因为，整体思考能力的强弱影响着个体的学习效果。

洞察问题的能力

在学习中，我们需要不断地思考，在解决问题的过程中不断地发现问题。只有这样，才能更深刻地理解所学的知识，取得良好的学习效果。

想象力

正如想象可以让知识插上翅膀一样，想象力也可以让个体学习知识的能力得到提升。

直觉力

直觉力是个体学习能力达到一定程度而展现出来的一种能力。有些东西是要靠直觉把握的，学习有时也要靠直觉。直觉力的高低对学习效果的好坏起着重要的作用。

解释力

解释力即解释经验现象的能力，也就是运用观念进行逻辑推演的能力。学习需要将学到的知识经过概念、判断、推理的抽象思维过程转化为自身的一种东西，并能对其进行合理的解释。能否对所学知识进行合理的解释，是判断一个人解释力高低的最重要标准。

观察是与思维相结合的感知活动。简单来说，包括观察中发现问题，提出问题，做出分析、比较和判断。这种能力叫观察的分析力，这种特性被称为观察的理解性。观察的理解性可以通过间接观察法和破案法进行训练。

间接观察法，即在不同的时间、不同的条件下对同一事物进行间接地、反复地观察，以了解事物的发展变化过程，掌握规律，进而对类似情况做出准确的分析和判断。我们以观星为例，学生可以在固定的时间里一次或数次去观察、比较星座的位置变化和移动的方向。

学生在开始观察的时候，得到的素材可能是大量的、杂乱无章的。但随着观察的持续，观察对象会呈现出规律性的变化。在老师的指导下，学生会逐渐学会筛选出有效的素材来比较分析，将大量零散的感性材料经过大脑的整理形成有效的信息。需要注意的是，虽然这种观察的形式表面看起来是简单的重复，但实际上观察对象却在发生着微小的变化。

破案法，其过程就是模仿公安人员侦破案件的形式，从某一现象、线索入手，进行探索性的观察，在分析中找出问题的原因。

李乐平时特别喜欢观察身边的事物。有一次，李乐和爸爸在社区玩健身器材时，他发现水泥地面是一块一块连接起来的，不是一大块整体。李乐不解地问："奇怪了，为什么地面都是断开的块？"爸爸说："水泥会热胀冷缩，如果用完整的一大块铺的话，这块水泥地面就会在天热时膨胀变形，有的地方会拱起一个包。"他听了以后，觉得不能透彻的理解。在爸爸的鼓励和支持下，李乐开始观察和记录水泥地面之间的距离与温度之间的关系。经过一年多的观察，他做了大量详细的记录，发现这种现象确实是存在的。

在这个例子中，李乐的爸爸抓住儿子发现问题的时机，启发他进行观察，最终观察的结果解开了他的疑惑。在现实生活中，也常常有家长做饭、洗衣服、修理电器等时，孩子表现出极大的兴趣，蹲在旁边问这问那。可惜的是，家长往往因为怕耽误干活的时间、怕弄脏孩子的衣服、怕孩子受伤等所谓的原因，要么把孩子撵走，要么三言两语地简单"打发"孩子。这样就错过了提出"案情"、启发观察的机会了。

观察要有高度的理解力，要进行必要的比较分析。一定高度的理解能力能及时从观察现象中把握观察对象的意义，从而提高观察事物的完整性、真实性和深刻性。通过比较分析，找出事物之间的相同点和不同点，并按照一定的特点把它们分别归类，使我们更好地了解事物的基本特点，把握事物的各种特性，从而分清事物的主次，发现其内在的联系。

培养观察的积极性

观察活动是一种有意注意的活动，它以感知为基础，个体能够自主调节注意的对象和观察的时间。一般来说，凡是能够使孩子产生兴趣和积极性的对象，其注意和观察的效果就好。所以，观察积极性的培养是观察能力提高的又一重要内容。要培养孩子观察的积极性，有以下的方法可以依循。

郊游法

郊游法也被称为远足法，是教育中具有优势的一种观察能力的训练方法。这种方法，不同于学校组织的春游活动和普通的"玩"，也不同于以消耗体力、锻炼吃苦精神为主的"磨难教育"。而是一次生动、活泼、形象的观察教育活动。这种活动不仅有利于家庭成员之间或是同学之间增进了解、沟通感情，而且在轻松的环境下，可使训练的兴趣更高、效果更好。那么，如何运用好郊游法呢？

首先，做好充足的准备。郊游前的准备工作是不可忽视的，比如对于郊游地点的选择，家长或老师最好对景点及有关的知识要有一定的了解。当然，这些准备最好事先保密，以便达到好的效果。如果是学生自己组织的郊游，更要对前往的地点做充分的调查和准备，这样做既是出于安全方面的考虑，也是为了取得更好的观察效果。

其次，选择合适的交通工具。对于中小学生来说，在家人的陪同下或是老师的带领下步行（距离较近的话）是一个不错的选择，这样在郊游的过程中就有较大的灵活性。当然，随着距离的增加，根据实际情况可以考虑乘坐汽车、火车。

再次，把"观察"作为郊游的主要内容。孩子与家人一起进行郊游时，家长要注意讲述、提问和讨论，引导孩子进行观察。家长如果表现出极大的"游兴"，就可以感染孩子。如果家长仅仅满足于把孩子"带出来"，自己累了就找个地方一坐，让孩子自己玩，这样就失去了郊游的意义。

最后，不要"玩"过就忘，郊游结束后应鼓励学生将郊游的感想写出来。这样做有利于学生重温观察时的情景，总结和归纳所见事物的梗概。实际上，郊游的主要目的应该放在培养观察的积极性和兴趣上。此外，郊游的次数和时间要得当，切忌"地点越远越好、时间间隔越短越好"的错误行动和错误思想。

思维游戏法

思维游戏法就是通过一些生动有趣的游戏来提高学生对观察活动的积极性。如今市面上的思维游戏非常多，家长和老师在选择的时候，要认真谨慎，特别要注意思维游戏适用的年龄阶段和主要方向，要注意选择那些与培养观察能力和观察品质有关的思维游戏。

思维游戏可以很好地锻炼孩子的观察能力。比如，迷宫、找不同、找出画面中的错误之处、找出图画中包含的人物或事物等类型的游戏。对于思维游戏的结果，家长和老师要客观看待，既不能因为一次得分较高就高兴，也不要因为一次成绩较低就怀疑孩子的智力水平。这两种态度都会对孩子的自我认识和发展产生误导。因为学生的智力水平和实际的观察能力并不是一两次思维游戏所能反映的，而且学生的智力水平还处于发展的阶段，有的学生发展得早些、有的学生发展得晚些，所以我们的目的就是通过游戏，有意识地培养和提高孩子的观察能力。

发展特长法

人的能力发展是不平衡的，观察能力也是如此。发现孩子某种突出的观察能力并加以鼓励和引导，是调动、提高其观察积极性的好办法。

爱因斯坦小时候智力水平并不出众，甚至比周围的孩子还差。他到3岁时还不会讲话，而且是一个不爱玩耍的奇怪孩子。6岁时，一次老师叫到他让他回答问题，他呆若木鸡，引起同学的哄笑。有人还给他起了个绰号"差劲的笨瓜"。后来，爱因斯坦上了中学，学校的教导主任说他："干什么都一样，反正一事无成。"

然而，爱因斯坦的父母并没有对他失去信心。他们经常带爱因斯坦去郊游，开拓他的视野，培养他的探索精神。后来，爱因斯坦受父母和家庭老师的不断鼓励和循循善诱的培养，逐渐养成了独立思考和不断探索的能力。这些与当时学校刻板守旧的教学方法形成明显的对比。后来在瑞士读大学时，由于没有按照老师规定的方法完成实验，他遭到校方和导师的批评。但爱因斯坦说："认为用强制和责任感就能增进观察和探索的兴趣，那是一种严重的错误。"最终，爱因斯坦凭借自己的思考方法和观察研究方法在诸多领域都取得了杰出的成就。

许多事实都表明，采取因势利导的方法将学生的能力转移到我们希望的方向上来，比单纯的强制办法，实际效果要好得多。如果老师能让学生尝到观察的甜头，那么接下来的情况就会顺利得多。因此，老师和家长都应该注意发现并引导学生发展特长。

应有选择地进行观察

观察事物要在全面的基础上有所选择，抓住重点，抓住事物的主要特征。只有这样，才能进一步提高观察的效果和观察质量。

一般来说，科学的观察并不是一般地认识现象和事实，而是从大量的客观事实中，选择观察的典型对象，选择典型条件、时间、地点，从而获得典型事物的现象和过程。只有把注意有意地集中和保持在经过选择的观察对象上，把观察始终和有意注意结合在一起，不为无关现象所分散，尽量排除外界无关刺激的干扰，这样的观察才能获得预期的目的。

例如，要对某班级学生学习态度和精神现状进行观察。可以根据观察目的选择不同类型的学生作为观察对象，选择反映学习态度和精神的主要指标（如求知欲、创造力、时效性、意志力、学习习惯等）；主要指标中又应选择典型指标（如时效性）及主要二级指标，选择几个主要时间、场合等。只有把观察集中在经过选择的几名学生、几项主要指标、几个主要时间和重要场合等对象上，才有可能达到科学观察的目的。

对于观察选择性的训练，我们可以从个体差异法和主要现象法两个方面入手。

个体差异法

前面我们举过莫泊桑拜访福楼拜的例子：福楼拜要求他的学生莫泊桑骑

马到市场上去观察，然后把自己看到的事物记录下来。比如，用一句话描写出马车站的那匹马同其他的马有何不同之处；用简练的语言描绘他刚见过的一个吸烟斗的守门人、一个杂货商，并要使别人听了不会将他们与其他的守门人和杂货商混同起来。这个例子实际上就是运用了"个体差异法"。

为了寻找事物的不同之处，人们必须对其进行细致认真的观察，而在观察的过程中。那些极具特色的、特点突出的则会首先吸引人们的眼球，通过比较、分析，人们也就将事物之间的差异分列了出来。

主要现象法

低年级学生在观察时通常分不清观察中的主要现象和次要现象，往往先注意那些新奇、有趣的部分。正是针对这种情况，我们提出了"主要现象法"。

为了达到一定的效果，在训练初期，应尽量让学生表达看到的事物特征。在他讲述完之后，再问他："什么是主要的特征？"比如，观察一只小鹦鹉，学生可能认为两只脚、两只眼、漂亮的羽毛、学人说话、尾巴都是主要的特征。这时，老师可以从观察对象的名称、类别等方面启发学生将主要特征和现象与次要特征和现象加以区分。对于许多鸟类来说，两只脚、两只眼、漂亮的羽毛、尾巴都是相同的特点，鹦鹉与其他鸟类的主要区别在于它会学人说话。这样，抓住了主要的特征，接下来的观察和分析就能有的放矢了。

随着这种观察训练的增加，可以在观察前要求学生拟定观察的重点，以便观察更有效和更迅速。比如，观察公鸡、母鸡的区别主要在羽毛的颜色、鸡冠的形态、体型大小上。这样抓住重点进行观察，就会在观察时得到准确深刻的印象。当然，观察中抓重点，运用"主要现象法"，是和观察全面、有序相辅相成的，否则得到的结果也不是全面正确的。

如何观察得更持久

观察的持久性主要是指观察要注意积累，把观察的现象和结果记录下来，养成保留观察资料的优良习惯。这样做，既能通过对材料的系统化组织来提高观察的分析思考力，又能养成良好的观察习惯，形成和提高观察的自觉性。要使观察能更持久，我们可以通过口述法、随感法、日记法来进行训练。

口述法

口述法就是有意识地对学生进行提问，让他回忆、讲述自己看到、做过的事情。一般来说，学生都喜欢把自己感兴趣的或是"小成就"讲给别人听，老师和家长应该学会当一个好听众，既能耐心地听，又能巧妙地加以点拨。因为学生开始讲述的事情往往内容杂乱，语病较多，无主题或多主题。针对这种情况，首先要让学生讲清楚，其次才是讲得丰富、生动。

口述法的优势还在于有很大的灵活性，可以随时随地进行，而且有利于增强学生的口头表达能力，有利于组织、分析所观察的内容，使感性材料初步系统化。另外，应该尽量鼓励和为学生提供口头表达的机会，让他们将想法适时地表述出来。

随感法

"随"字的含义就是重在自然随意。随感法的主要特点就是随着观察和思考，随时做记录，写感想，即兴"创作"。文章可长可短，字数与形式不限。因此，它容易为低年级小学生所掌握和长久地坚持。

一般来说，随感法的关键在于养成记录自身随感的习惯。"随感法"中最常用的是谈话法，在聊天中提醒学生把看到和听到的记录下来。由于学生很喜欢带有揭秘性质的活动，老师可以给予他们一些建议。比如，家里种的盆栽可以作为观察对象。在老师的提醒下，学生会在日常的生活中发现观察的乐趣。

除一般的记录外，还有的学生善于用绘画来记录和表达自身对事物的观察和感触。比如，不同的天气状况、各种组合的形状、景色的变化、建筑物的形态等。随着时间的推进，观察活动的日益增多，学生的观察能力和语言表达能力都将得到一定程度的提高。学生从开始记录个别的词语，到后来记录的句子，以后逐步发展为记录段落。再往下发展，就是写日记了。

日记法

众所周知，小学生已经初步具备了一定的文字组织能力。这时应抓住有利的时机，引导学生练习写观察日记。

在日记法的训练中，学生常常会有重数量不重质量的倾向，以为只要写得多就会有收获。其实，一次高质量的日记比十次敷衍了事的日记有更实在的结果。如果学生的观察日记达到了一定的水平，那么，老师应鼓励学生在认真修改的基础上，向校报、校刊投稿，或参加征文比赛，这样会极大地调动学生的观察积极性。

日记法是比较容易实行的，除老师课上的监督外，家长也应在平时做好敦促，让孩子更好地坚持写日记。只有长期的练习，学生才会言之有物，下笔如流，而不会出现平时写作文时的苦恼和考试时的困惑。

第八章

高效的观察方法

孔子说:"工欲善其事,必先利其器。"人们要有效地进行观察,更好地锻炼观察能力,掌握高效的观察方法是十分必要的。

即时观察法

面对繁杂的客观事物,有的学生看得很清楚,有的学生却一片茫然。这除了能力、兴趣等方面的差异,还与是否掌握观察的技能、方法有关。对客观事物的观察,是获取知识最基本的途径,也是认识客观事物的基本环节。每一位学生都应当学会观察,逐步养成观察意识,学会恰当的观察方法。常用的观察方法有:比较观察法、全面观察法、重点观察法、顺序观察法、长期观察法等。观察不同的对象,出于不同的目的,应事先考虑用什么样的观察方法。然而有时候,需要几种方法配合使用。

众所周知,人们观察事物很难保证都是在有组织、有计划的客观条件下进行的。现实中人们受到的局限很多,那么我们在观察中就不要放过任何一个可能的机会,及时地搜集,不断地积累,尽可能地汇集与此有关的信息,尽量反映出客观事物的全貌。尤其要特别留神在事物发展过程中稍纵即逝的现象、偶然出现的现象,以及由量变到质变的关键时期显示出来的现象。

在科研的过程中,有的规律是通过有意识地研究才发现的。便如,吴健雄所做的证明宇称不守恒的实验;有的则是在偶然中发现了"异常",然后再对这些"异常"做进一步的研究才发现出其规律的。不管在哪种情况下,具有在观察中发现问题的能力都是至关重要的。

为培养学生善于发现问题的能力,老师应引导学生不要放过那些稍纵即逝和不引人注目的现象。例如,在浮沉子的实验中,应注意浮沉子中气体体积的变化;在振动合成的实验中不仅要观察合振动的情况,还要注意两个分振动的相位差和合振动的联系;在学习静电感应以后,用起电盘给验电器带电,试探学生是否疏忽了老师用手指触盘这一动作。

事物的发展在质变阶段表现的现象是不同于往常的,这是培养学生观察能力的好时机,老师不应轻易放过。例如,沸腾是学生几乎每天接触的现象,但绝大多数的学生从没有有意识地去观察过这个现象,他们只能很粗略地描述沸腾现象。因此,有必要让学生仔细观察沸腾前后的整个过程,打开瓶盖和关上瓶盖进行观察。首先不必给学生提要求,让学生自己去观察和发现沸腾的主要特征,然后老师再进行引导,这样让学生经历一次小小的发现物理规律的过程，比老师一一地指示他们被动地观察收获要大得多。

我们在观察事物的时候不要错过观察机会，应即时进行材料的收集、整理和积累，因为客观事物本身是不断发展变化的。我们的认识活动已经受到很多局限，如果不能尽量地收集相关材料信息，就会影响到我们全面客观地观察事物，了解事物，认识事物。

对于中小学生来说，掌握即时观察法尤为重要。即时观察可以发现人们容易忽视的现象和规律，容易有"意外的收获"。总而言之，只有做好准备，随时准备观察，才不会错过机会，有所收获。

比较观察法

比较观察法就是用对照比较的方式去观察两个或两个以上的事物，找出事物的共性和个性，以获得清晰的印象，抓住事物的本质。当把此事物与彼事物加以比较时，就能从中看出它们之间的相同与不同之处，分析它们各自不同的特征，从中找出事物的本质。比较的过程就是一个分析思考的过程。

观察事物要想发现差异，抓住特征，深入本质，就应该学会运用比较的方法。最常用的比较方法有纵比和横比两种。纵比，是对同一事物在发生、发展过程中的不同阶段作比较；横比，是对相类似的两个以上的事物作比较。

要能看出不同事物的相同点，看出相同事物的相异点，必须运用对比观察的方法。区分客体，通过比较，确定客体及其发生现象的异同。比较是一个鉴别的过程，只有通过比较才能提高孩子的观察能力。比如，让孩子观察其他孩子的绘画作品，并同自己的作品进行比较，肯定优点，指出不足。

比较观察的关键在"比"，通过对比来揭示事物的意义。要"比"，就要选择一个比较点。同一事物，可选择现在与过去进行比较；不同的事物，可选择一个共同处比，如两个同学在学习上的对比，在劳动方面的对比等。不同的事件，要注意事件意义的对比。比如，铺张浪费的比，攀比风的比，感情变化的比，等等。找不到比较点，就无法对比。

进行对比观察，有利于迅速抓住事物的共性和个性，从而抓住事物的本质。

例如，学习光合作用时，为了说明光合作用需要光，要把整片叶子放在光下照射，按操作步骤实验，最后用碘酒染色，叶子变成蓝色，这是因为碘酒遇到光合作用的产物——淀粉而起了变化。但是，这还不能说明光是生成淀粉的必要条件。如果有人提出叶子不照光，也可以制造淀粉，加碘酒也可以变蓝，就不好回答了。这时就需要通过对照实验来进行对比观察，即把叶子的一部分遮住不见光，让另一部分见到光，然后进行光照实验。观察结果，会发现只有见光的部分经处理后遇碘酒会变蓝，说明生成了淀粉。只有通过这种对比观察，才会得出令人信服的结论：光是进行光合作用不可缺少的因素。

对比观察，实质上是比较科学思维方法。在观察中的运用，可以大大加快对事物本质的认识速度。另外，我们在学习的过程中可以合理运用比较观察，这样可以更加高效地学习。

例如，"赢、赢、赢"三个字极易混淆。只要我们进行比较观察，便可发现他们虽然结构相同但又有不同的部件，分别是"贝、女、羊"。输赢与金钱相关，古代"贝"即是钱，所以"赢"中有贝；"嬴"是古老姓氏，所以"嬴"中有"女"；"羸"原意指羊瘦弱，所以"羸"中含有"羊"。经过这样的比较观察，再去理解和掌握这三个字就会轻松很多。

再如，比较观察长方形和正方形，可以掌握各自的特征。学习动物学比较常用对比观察的方法，找出前后两类动物之间的不同处，从而明确不同门、纲的动物在进化上的位置，还可找出不同门、纲动物之间的相似点，进而明确这些动物之间存在着的亲缘关系。例如，将两栖类、爬行类、鸟类、哺乳类动物的心脏进行对比观察，就可以从心脏的构造上看出进化的趋势。

我们在学习中经常会碰到比较人物的特点，这时就可以运用比较观察法来观察，就是把几个人物或同一人物的几个不同方面加以比较的观察方法。俗话说："有比较，才有鉴别。"只有通过比较，才能发现差异，把各种不同的事物区别开来，使每一种事物都给人留下鲜明、深刻的印象。

对比可以分为"自比"和"它比"两大类。"自比"就是对同一个人物的不同发展阶段的特点或不同地点的表现特点进行比较，以便发现不同特点，做到在同一个人物中求差异；"它比"就是两个以上的人物进行比较，以便在不同人物中发现特点。通过这样的观察，不但可以了解每一个人物不同发展阶段的特点，而且能了解不同人物的相异之处，观察得就更具体，更深刻了。

例如，《伏尔加河上的纤夫》就是运用的"它比"，同是"穿着破烂"、步子"沉重""踏着黄沙"、生活困窘的纤夫，他们的年龄、出身、外貌、动作和心理活动都各不相同。对待现实的态度也大不一样，有的"漠然"，有的"没精打采"，有的"诅咒和抗议"，还有的要极力摆脱肩上的重荷……

我们在运用比较观察法时要注意以下四点：

（1）首先要总揽全局，对整体有个初步的认识。然后再按照一定的标准把要观察的事物划分为几个类别或不同的发展阶段，以便统一标准，互相比较。

（2）比较时要抓住事物之间的联系点，也就是相似、相同之处，否则就失去了可以比较的基础，如形态、色彩、声响、气味、作用、性质等。然后，再重点地相互比较，从中找出异同。万万不可以胡乱比较，否则就失掉了基础。

（3）比较时，同一个事物应着重比较不同发展阶段的差异，也就是这个阶段与那个阶段的不同之处；不同类事物应着重比较"相同之处"，做到同中求异，异中求同，以便更具体、更深刻地突出事物的本质。

（4）要注意多种观察方法的综合运用。

联系观察法

联系观察法就是我们观察某一事物时，把与其相似的事物联系起来一起观察。在观察中，可以找出普遍联系中的特殊部分，也可以在不同的特殊的部分中去找出事物间的普遍性。因为世上的万事万物都是具有普遍联系的，所以不要孤立地去看待问题，以免疏忽了某个方面。这样我们的思维便会更加缜密、严谨。

　　李刚工作之余喜欢钓鱼。有一天，他到远郊的一个池塘去钓鱼。他选好了一个地点，不远处是两个钓鱼的老人。时间过得很快。半下午的时间，三个人都有不同程度的收获。其间，两位老人都"噌噌噌"地从水面上走到了池塘对面上过厕所。李刚开始有点疑惑，本想着去问明缘由的，但是由于不认识他们，觉得不好开口。

　　后来，天渐渐阴了。大家都收拾渔具准备回家。李刚迅速收拾了渔具，准备绕过池塘到对面去，但是转念一想，觉得太费时间了。于是，他便学着两位老人水上行走的"功夫"，抬起脚便迈开了步子，"扑通"一声，一下子掉到了池塘里。不远处的两位老人先是面面相觑，接着迅速跑过来，把手伸向李刚帮他上岸。

"你没事吧？"其中的一位老人关心地问。浑身湿漉漉的李刚皱着眉哭诉道："为什么你们可以过去呢？我怎么就不行啊？"另一位老人笑着说："我们过的地方有两排木桩，前段时间下雨涨水正好没过这些木桩，你怎么过的时候不看看呢？""唉，你仔细看那边，是不是有木桩！"李刚顺着老人手指的方向望过去，水面下果然有隐约可见的木桩。

李刚只看见两位老人在水上走，却没有仔细观察他们脚下的具体情况，没有考虑相关的联系，从而冒失行动，得到了难堪的下场。

我们在对某一事物进行观察的时候，不仅要与观察类似的事物联系起来，对某一事物的某一部位也要与其他部位联系起来。只有这样，才能观察得更真切。

英国科学家亨特平时不仅乐于思考，而且特别喜欢观察。有一次，他到亲戚的农场去玩。看到可爱的梅花鹿，他不禁伸手摸了摸鹿角。突然，他发现鹿角是热的。这是什么原因呢？他进行了仔细的观察，发现鹿角里布满了血管。

经过一番思考，亨特做了一个实验。将一个鹿角的侧外颈动脉系住后，发现鹿角逐渐冷了下来。过了几天，鹿角又变暖了。他发现不是系带松动了，而是附近的血管扩张了，输送了充足的血液。最终，亨特发现了侧支循环及其扩展的可能性。在这个伟大发现的指引下，出现了亨特氏手术法。

如果亨特只是一味地研究鹿角的变化，而不去联系其他部位，他是很难发现侧支循环及其扩展的可能性的。

全面观察法

古诗云"横看成岭侧成峰"，从不同角度观察事物，会获得不同的信息和感受。观察要注意点面结合，这就要求我们全面观察。对事物要善于从不同的角度来观察，要观察事物的各个方面、各种特性。然后，再观察它们之间的联系，从而对事物有一个全面的认识。

事物之间存在种种联系，在观察中，我们要边看边想，运用已有的知识和生活经验，调动积累的词汇和语言表达方式。由此及彼、由表及里进行思索、分析、比较，就能丰富想象力，对事物产生新的体验和感受，在头脑中留下鲜明、生动的形象。要对观察的结果进行分析，力求深刻、全面、准确地反映研究对象的主要特征。

北宋文学家欧阳修曾得到一幅古画，画的是一丛牡丹，牡丹下面有一只猫。他想知道这幅画的精妙之处，就去请教当时的丞相吴育。吴育是欧阳修的亲戚，对古画很有研究。吴育一看到画就指出："这幅画画的是《正午牡丹》。"欧阳修十分惊奇，问道："您怎么知道这幅画画的是《正午牡丹》？"吴育笑着说："你仔细看看，画上的牡丹花开得花瓣四下张开，有些下垂，而且颜色不润泽，这是太阳到了中午时候花开的样子。那只猫的眼睛像一条线，这是正午时候的猫眼。如果是早晨，花就会带着露水，花冠就会向中间收拢，而且颜色润泽。猫在早晨和晚上瞳孔都是圆的，将近中午猫的瞳孔也就会逐渐狭长，到了正午，就像一条线了。"欧阳修听了吴育的解释非常佩服。

那么，吴育为什么能够准确判断出这幅古画是《正午牡丹》呢？是因为他善于观察，全面细致地抓住了景物的特征。所谓"全面观察"，就是要观察景物的各个部分，以及相互之间的关系，对它的全貌形成一个准确的整体认识。因为吴育具有高超的观察能力，所以对古画能作出准确的判断。

众所周知，《战争与和平》是俄国作家列夫·托尔斯泰的代表作。这部作品以史诗般的文字震撼了读者的心，给人留下深刻的印象，成为世界文学史上不朽的名著。然而，托尔斯泰当时在写到俄法双方在鲍罗京诺会战时，总觉得描写得很抽象、不具体。整整几天也没有什么进展，最后托尔斯泰长叹一声："闷在屋子里是不行的，我要去战场上考察一番。"

托尔斯泰果然跑到鲍罗京诺去了。他仔细地巡视着整个遗迹，把它的地形地貌牢牢地记在心里，并按照实物绘制了一张地图，还画上河流、道路、房屋等。另外，他还把当时双方军队的运动情况，太阳的方位等有关的情况，都用特别的符号标在图上。回到家后，托尔斯泰把自己现场调查的鲜明印象与文献上记载的情况相对照，反复研究，直到对这场战争有了全面的了解。于是，他把原来写的那段文字全部删去了，重新写作。这一次，不仅写得气势恢宏，场面壮观，而且生动具体，色调明朗。

由此，我们不难看出全面观察的重要性。可以说，如果没有托尔斯泰的全面观察，就没有《战争与和平》这部巨著的问世。

全面的观察，应当是对事物每个必不可少的方面的观察。其中，那些明显的方面自然比较容易观察到。对那些隐藏的，或在运动变化中转瞬即逝的方面，也要留意观察。有些对象应从多角度、多方位进行比较观察、长期观察，以达到全面的效果。否则，必将遗漏某些重要的现象和特征，导致观察的片面，以致不能正确分析现象与本质之间的关系。

重点观察法

在纷繁的景物中，选出一个最能代表总体面貌，最能反映基本特征的部分，进行重点观察，其他部分则做一般观察，这种方法便是重点观察法。

重点观察，是指在全面、细致观察的基础上，根据需要，有选择地进行观察。那么，这里的"需要"是指的什么呢？是观察的目的和要求。比如："观察一种小动物的外形特点和生活习性，把它可爱的地方写出来。"当然，孩子一定会选择小动物最可爱的地方进行重点观察。另外，"需要"也可以指自己观察的目的和兴趣爱好。

在事物完整的发展过程中，必定有一个环节是主要的。例如，植物的生长是其从发芽到干枯的过程中最主要的环节，这个环节是重点观察的部分。

孩子也许都有过这样的经历：到一处去游玩，一会儿看这儿，发现了山；一会儿看那儿，又看见了水；然后是小树林、亭子……许多种景物都在眼前出现过，又都很快在脑海里消失了，没有留下什么印象。这不叫观察，更谈不上重点观察。要做到重点观察，应该做到以下三点。

1. 根据目的确定重点

我们要观察某一种现象，认识某一个事物，绝不能盲目，必须要有目的性，必须以明确的目的为基础，使观察不同于一般的浏览。如果没有一定的目的，我们每天耳闻目睹的事物就会显得杂乱无章。所以我们的观察要有目的，还要根据目的来确定观察的重点。

例如，在校园或公园里寻找夏天，写一个小片断。这样的目的就很明确，就是要表现出校园或公园里夏天的景色。在校园里，有整齐的教学楼、宽阔的大操场，还有高大的杨树和美丽的大花坛。在这些景物里，最能体现夏天特点的就是树和花坛。所以，我们根据"表现夏天"这个目的，选择树和花坛进行重点观察。同样，在公园里，有亭、台、楼、阁、廊、树、花、草等各种景物，而其中的树、花、草到了夏天，茂盛繁密，姹紫嫣红，生机勃勃，给我们带来了夏的信息。所以，我们会选择公园里的树、花、草进行重点观察。

由于每次的观察都有一定的目的，可以根据观察的目的，确定观察的重点。例如，学习牛顿第三定律（两个物体之间的作用力和反作用力总是大小相等，方向相反），需要观察一系列实验：弹簧秤的实验；磁铁和铁块相互作用的实验；磁铁和铁条相互作用的实验；带电纸球的实验。这些实验观察的重点主要放在物体间的相互作用上，而其他现象就不作为观察的重点了。

2. 根据兴趣确定重点

每个学生都有自己的兴趣爱好。对什么事物感兴趣，就可以观察什么事物，对事物的哪一部分兴趣深厚，就可以重点观察它，以表达自己对这一事物的喜爱之情。有的学生对鹦鹉感兴趣，有的对金鱼感兴趣，有的对小狗感兴趣，有的对盆栽感兴趣……学生可以根据自己的喜好选择观察对象，从而有效地、重点地进行观察。

比如，小文说："上次我和爸爸到动物园去玩，一进门，我就向猴山跑去，因为我最喜欢看小猴子。我还准备了面包和香蕉，我把面包扔给小猴子，看它们用手剥开香蕉吃，看几个猴子抢一个面包吃。我对这些太感兴趣了。"

小文根据自己"兴趣爱好"的需要，选择小猴子来观察。而且重点观察小猴子怎样吃东西，怎样抢食物。只有这样有重点的观察，写出的作文才能主题鲜明，重点突出，具体生动，给人留下深刻的印象。

3. 抓住意外现象仔细观察

在日常生活中，通过注意观察，可以了解事物的一些基本特点。有时，还会有一些意外的、有趣的现象深深地吸引我们，使我们能通过观察更深刻地了解事物的更多特点。所以，我们要善于抓住意外的现象，仔细观察。

另外，观察事物如果不分粗细，"眉毛胡子一把抓"，势必不得要领，不仅费力大而收效少，而且难免会得出错误的结论。所以，观察要突出重点，抓住事物的特征。我们应有选择地对事物进行有目的、有计划、主动地观察，尤其是观察事物本质的重要特征。抓住重点、以点带面，往往可以窥一斑而见全豹。

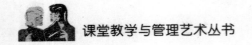

顺序观察法

普遍存在的事物和自然现象都有各自的"序"，在空间上有各自的位置，在时间上有各自的发展过程。因此，学生在观察时应根据观察对象的特点，做到心里有个观察的"序"。只有观察有序，才能达到观察的目的。顺序观察法可分为方位顺序观察法和时间顺序观察法。

方位顺序观察法：由整体到部分或由部分到整体；先上后下或先下后上；由左至右或由右至左；由近及远或由远及近；由表及里或由里及表；先中间后四周或先四周后中间；定点观察或移点观察（随着观察对象的行踪而改变观察点）。

时间顺序观察法：即按观察对象的发展顺序先后观察。比如，观察一天中阳光下的物体变化；观察蝌蚪的生长发育过程；观察蚕一生的变化；观察月亮在不同日期在天空中位置的变化等。

无论是方位顺序观察还是时间顺序观察，它们都不是孤立的。如果只用一种观察方法贯穿一次观察的全过程，就不可能观察得全面、细致。只有用多层次、多角度的观察方法，围绕观察目的进行观察，才能真正把握自然事物之间的联系和变化。

一般来说，对某一现象的观察，应该首先从整体来进行观察，先获得一个整体的轮廓印象；再从各个方面和各部分细节进行细致的观察，运用分析方法找出现象的局部特征，进而注意各方面、各局部的联系，最后获得一个较全面、较深刻的认识。

例如，在学习平抛运动时，学生可以先在课外有意识地观察投石子的运动情况，根据自己的观察描述出平抛运动的特征。我们知道它是做曲线运动；还可以观察到石子在开始运动时的方向是接近水平线的，后来就越来越偏向竖直方向了；出手的力度越大，石子就被抛得越远。然而仅仅知道了这些，还不能深刻地揭示物体的运动规律，为了进一步认识平抛运动的规律，我们应像研究直线运动一样，每隔一段相等的时间就记录下物体的位置。如果用闪光照相的方法得到一些照片。再运用一定的观察顺序进行分析，就可以按照平抛运动的一般现象揭示其本质规律。

我们说的要注意观察的顺序，就是要按一定的顺序来观察。如时间变化的顺序、事情发展的顺序、地点变化的顺序等。在观察的过程中，应培养孩子学会运用合理的顺序进行观察。告诉孩子如何看，先看什么，再看什么，指导孩子抓住事物的主要特征进行观察。比如，父母带着孩子去看亭子时，应先从整体观察亭子的形态，再考虑亭子是用什么做成的，亭子有多高，亭子上都有什么颜色，亭子上绘制的是什么。经过父母有意识的启发，孩子才能较快学会正确的顺序观察法。

另外，事物的发展一般都有一定的顺序，比如植物的生长。让孩子认识一个事物发展的全部过程，建立一个完整的概念，使孩子养成按顺序观察的好习惯。让孩子有顺序地观察，能使他们有条理地思考，思路逐渐清晰，逻辑思维能力逐渐增强。

小学生，尤其是低年级的学生，他们观察事物时，常常是东看一下，西看一下，缺乏系统性。因此，我们要教会孩子按顺序观察。如观察静止的物体时，可以让孩子按照空间的顺序进行观察；如带孩子观察人民英雄纪念碑，就可以教会孩子从上面看到下面，观看纪念碑的碑文后，再按东、南、西、北的顺序观察纪念碑的石雕。总之，在观察之初，必须引导孩子掌握观察的顺序。

如果是观察某些自然景物，就可以按照时间顺序进行观察。例如，我们可以按照时间顺序来观察雨。如下雨前，天空的变化，风的变化，街上行人的表情动作，鸟儿的飞翔变化；下雨时，雨点的变化，天空的变化，地面的变化，树木的变化。

重复观察法

重复观察法，是指对同一事物或现象，再次或多次进行观察。那么，为什么要进行重复观察呢？

第一，很多现象的出现非常迅速，稍纵即逝，观察者的观察速度往往跟不上事物变化的速度，人们对事物的认识不可能一次完成，在这种情况下就需要进行重复观察，才能了解事物真正的本质。例如，化学实验有时要重复多次，才能得到满意的结论。另外，有些事物发生发展的特征与周期，也决定了必须重复观察。研究事物，只有通过长久、反复的观察，才能避免过早下结论，产生片面的印象，形成偏见。如果不加以取证，以讹传讹，只会离事情的真相越来越远。

第二，有时出现的次要现象更加吸引人们的注意力，所以往往因此而忽视了对主要现象的观察，只好再重复观察一次。例如，老师做氯气和氢气的化合反应实验，点燃镁条，引起氢气和氯气的激烈反应发生"爆炸"，使瓶口的塑料片向上弹起。有的学生只注意看镁条燃烧，或被强光照得来不及看集气瓶，从而忽视了应认真观察的地方。所以，老师只好再重做一次，学生再观察一回。

第三，一些实验多次失败，需要重新调整试验，重新进行观察。为了得出实验结果就必须进行重复观察。

第四，由于缺乏良好的心理品质，观察不深入。观察得不深入的实验是不能得到什么答案的，这就需要我们进行再次实验，并进行重复观察。

第五，对很多事物的认识，不见得一次就能完成，需要反复多次才行；又由于事物本身发展的周期性决定了观察的重复性。

总之，为了求得所要获得的信息的精确性，避免似是而非，必须进行重复观察。

在一次运动会的百米赛跑中，两名运动员几乎同时冲线，裁判员的秒表也定格在同一位置。然而，径赛原则上是没有并列冠军的，可是又不能让他们重新比赛来决出胜负。怎样才能知道到底谁是冠军呢？

最后，裁判想到了一个好办法，他们通过反复观看设在比赛终端的电视录像资料，最终定出了名次：其中有一名运动员的胸脯在冲线的那一瞬间比另一名运动员的胸脯向前突出了2.5厘米，相当于快了0.01秒。所以这个运动员成了冠军。

重复观察，往往能够探明真正的事实。在科学上，科学理论的形成要有实验依据，而且这些实验必须能够重复。丁肇中发现J粒子后不久，又有美、德、意的科学家发现同样的现象，才被广泛承认。要证明一种理论、一个现象，光凭一个人的观察是不够的，需要很多重复观察的参与。

观察要在重复出现的情况下进行的原因有两点，一方面是被观察的现象或过程只有在重复出现的情况下，观察才有客观性。尤其那些稍纵即逝的现象和过程不适于单独用观察法去研究。因为在这种情况下，观察者无法复核和确定观察结果是否正确。另一方面，要长期、连续、反复地进行观察，否则就不易分辨事物的现象或过程中哪些是偶然的、哪些是一贯的，哪些是表面的、哪些是本质的，哪些是片面的、哪些是全面的。反复观察的次数越多，越能准确反映客观事物的本质规律。

重复观察是为了更深刻、更全面地揭示事物、事件的本质规律，并不是简单地、机械地重复。在重复观察的过程中，尽可能多地纠正以前的谬误，排除可能出现的一切干扰因素，只有不断地改进，才能不断地进步，不断地接近事实真相，不断地接近真理。

实验观察法

实验观察法，是指根据一定的研究目的，利用实验仪器将研究对象置于人为控制的特定条件下，排除各种干扰进行实验研究，从而获取科学数据、探寻自然规律的一种研究方法。实验观察法，在科学研究中发挥着巨大的作用。

对于热和功的关系问题，人们一直没有办法解决。后来，英国物理学家焦耳通过科研实验，为解决这一问题指明了道路。1847 年，焦耳做了一个巧妙的实验：他在量热器里装了水，中间安上带有叶片的转轴，然后让下降的重物带动叶片旋转。由于叶片和水的摩擦，水和量热器都变热了。根据重物下落的高度，可以算出转化的机械功；根据量热器内水的升高的温度，可以计算水的内能的升高值。把两数进行比较就可以求出热功当量的准确值。

焦耳不断改进实验方法，用鲸鱼油代替水、用水银代替水等来做实验。这时，距他开始进行这一工作已将近 40 年，前前后后用各种方法进行实验达 400 多次。一个重要的物理常数的测定，能保持 30 年而不做较大的更正，这在物理学史上是极为罕见的事。

焦耳用实验观察法测定了热功当量，为建立能量守恒和转换定律做出了杰出贡献。人们为了纪念焦耳的杰出贡献，把功和能的单位定为"焦耳"。

运用实验观察法，应以坚持真理、纠正谬误为前提条件。

著名的解剖学家、近代人体解剖学的创始人安德烈·维萨里，青年时就读于法国巴黎大学。当时虽处在欧洲文艺复兴的高潮，但巴黎大学的医学教育还没有完全摆脱中世纪的精神桎梏。课堂上，因循守旧的教授将古罗马医学家盖仑的著作奉为经典；实验课是雇佣外科手或刽子手担任的，不准学生亲自动手操作；解剖的材料，是狗或猴子等动物的尸体。由于讲授内容与实验严重脱节，常常错误百出。

维萨里在《人体机构》一书的序言中，也曾追忆这段往事说："我在这里并不是无端挑剔盖仑的缺点。相反，我肯定了盖仑是一位伟大的解剖学家，他解剖过很多动物。限于条件，就是没有解剖过人体，以致造成很多错误。在简单的解剖学课程中，我能指出他200种错误。"年轻的维萨里，决心改变这种现象，他挺身而出，亲自动手做解剖实验。

为了揭开人体构造的奥秘，维萨里常与几个同学在严寒的冬夜悄悄地溜出校门，到郊外无主坟地盗取残骨；或在盛夏的夜晚，偷偷来到绞刑架下，盗取罪犯的尸体。他们不顾寒暑和腐烂的臭气，把被抓、被杀的危险置之度外，精心挑选有用的材料，如获至宝地包好带回学校，在微弱的烛光下偷偷地彻夜观察研究。维萨里以过人的毅力坚持实验，终于掌握了精湛熟练的解剖技术和珍贵可靠的第一手材料。可他的做法触犯了传统观念，冲击了校方的戒律，引起了守旧派的仇恨和攻击。学校当局不但不批准他考取学位，还将他开除。

维萨里虽然被迫离开了巴黎，但是他坚持做人体解剖实验的决心没有改变。他来到威尼斯的帕都瓦大学任教后，一边利用讲课的机会继续进行尸体解剖学研究，一边在业余时间里，开始写作人体解剖学专著。经过5年的努力，年仅28岁的维萨里终于完成了按骨骼、肌腱、神经等几大系统描述的巨著——《人体机构》。

在《人体机构》这部著作中，维萨里以大量丰富的解剖实践资料，对人体的结构进行了精确的描述。他说：解剖学应该研究活的、而不是死的结构。人体的所有器官、骨骼、肌肉、血管和神经都是密切相互联系的，每一部分都是有活力的组织单位。《人体机构》的出版，更正了盖仑学派主观臆测的种种错误，使解剖学步入正轨，并为血液循环的发现开辟了道路。

另外，科学实验还需要具备自我牺牲的无畏精神和善于攻关的智慧。

富兰克林是美国伟大的科学家，也是世界上第一个捕捉雷电的人。关于雷电的实验，他也是冒着极大的生命危险进行的。早在18世纪以前，当人们还普遍认为雷电是上帝发怒的现象时，他就断定雷电是一种放电现象，并写了一篇题为《论天空闪电和我们的电气相同》的论文，送给了英国皇家学会。但遭到了许多人的嘲笑，富兰克林决心用事实来证明一切。

1752年6月的一天，阴云密布，电闪雷鸣，一场暴风雨眼看就要来临。富兰克林和儿子威廉一起，带着一个装有金属杆的风筝，来到空旷的场地上。富兰克林高高地举起风筝，儿子则拉着风筝线飞快地跑着。由于风很大，风筝很快就飞上了高空。刹那间，雷电交加，大雨倾盆。富兰克林和儿子一起拉着风筝线，焦急地期待着。此时，一道闪电从风筝上掠过，一种恐怖的麻木感掠过他靠近风筝铁丝上的手。他抑制不住内心的激动，大声狂呼着："我被电击了！我被电击了！"接着，他将风筝线上的电引入莱顿瓶中。回家后，富兰克林用雷电进行了各种电学实验。最终证明，天上的雷电与人工摩擦产生的电，具有完全相同的性质。

1753年，俄国著名电学家利赫曼为了验证富兰克林的实验，不幸被雷电击死，这是做电实验的第一个牺牲者。血的代价，使许多人对雷电实验产生了恐惧心理。但富兰克林没有退缩，仍旧坚持实验，不断寻找解决的办法。经过数次实验，他终于发明了避雷针。当雷电袭击房子的时候，它就沿着金属杆通过导线直达大地，使房屋建筑完好无损。避雷针相继传到英国、德国、法国，最后传遍世界各地，造福了人类社会。

科学实验，应有一定的实验仪器做支持。任何科学实验都要涉及指导实验进行的科学理论、做好研究工作的实验设备的准备和进行实验的操作技术三个方面。在实验中要细心、认真分析，最好能及时记录观察到的现象和的感受，特别是当某种新的细微变化一闪而过时，千万不要轻易放过，要立刻记下来，尽可能重复实验和观察，这就是新发现的关键要素。

长期观察法

长期观察法，就是在比较长的时间中，对某些事物或现象进行系统地观察。由于所观察的客观事物有它自己的发展过程或周期，有时发展变化过程缓慢，周期很长，决定了观察的长期性。

候鸟春去秋来，人们一直以为与气温冷暖有关。洛文在观察黄脚鹬时，发现这种鸟春天时飞往加拿大，秋天时飞往阿根廷，长途跋涉1.5

万千米。虽然路程遥远，但是 20 年来，黄脚鹬下蛋的时间总是在 5 月
26 日到 5 月 29 日内。洛文根据长期观察的结果认为，候鸟迁移不是受
气温影响，因为每年的气温都会变化，只有昼夜长短才是比较稳定的因
素，所以这才是迁移的真正原因。洛文为了证实这个观察结果，又开始
进行实验。秋天，他对一种南飞的鸦用人工光延长白昼，与其他在正常
条件下生活的同类鸦进行比较观察。到了 12 月前，那些光照长的鸦大
有春意，每天歌声不绝，它们认为春天到了，一经放飞，便向北飞去，
而在自然条件下生活的鸦则大部分留在原地。通过 20 多年的比较观察，
证明他的结论是正确的。

洛文教授通过不断观察，对候鸟迁移原因的研究最终取得了成功，这与
其进行的长期观察是分不开的。

现代遗传学的奠基人孟德尔，做了 8 年的豌豆杂交实验，连续观察
了 8 年相对性状的遗传现象，才发现了著名的遗传因子分离定律和遗传
因子自由组合定律。因为杂交后代会出现什么性状，是高茎还是矮茎，
要等到这一代结了种子，第二年种下去，长成了植株以后才知道，所以
要观察只有等到第二年。并且这些观察不像物理和化学实验，可以不断
重复地进行，失败了可以再来一次。这些观察对象有它们自己的发展过
程和周期，不能人为地加速。

此外，由于种种主客观原因，观察遭到失败或者一无所获，也是常有
的事。

法国昆虫学家法布尔为了观察雄榭蚕蛾向雌蛾"求婚"的过程，花
了整整 3 年的时间。正当要取得成果的时候，榭蚕蛾"新娘"被一只小
螳螂吃掉了。他毫不气馁，从头再来，又花了 3 年时间，终于取得完整
准确的观察结果。法布尔用尽毕生精力对昆虫世界进行长期、细心的观
察，写出了 200 多万字的巨著《昆虫记》，展示了各种昆虫猎食、打架、
筑窝、生育和养育后代的有趣现象，具有极大的影响。

长时间地对事物进行持续性的观察，是良好观察能力的表现。我们的观

察对象是客观的，无论占有的空间多大、存在的时间多长，要完整地进行观察，都需要坚持不懈的意志。例如，在进行关于中和滴定的操作时，常出现滴加过量，导致实验需要重做。由此可见，培养观察能力的持续性是非常重要的。人的意志品质影响观察力的持续性，而在培养观察能力持续性的过程中，也锻炼和增强了自身的意志品质。

定点观察法

定点观察法，就是我们在观察事物时先固定立足点，再有次序地展开观察。观察时，观察者的立足点始终不能发生变化，必须固定在一个基点上。运用定点观察法，需要注意以下几个方面：

首先，要选好合适的观察点，选取恰当的视觉角度。摄影师拍照，画家作画，选择镜头和描绘对象时都很注重立足点的选择。因为一个立足点选择的好坏，往往关系到一张照片、一幅图画的成败。其实，写文章也一样。就算是表现同一事物，立足点不同，观察的方位不同，角度不同，呈现出的面貌也各不相同，表达的效果大不一样。根据事物的特点和观察的需要，选择最理想的立足点，这是定点观察能否取得良好效果的首要问题。

定点观察法，定点定位，直接对准画面，最适合对典型环境里的自然景物或风俗人情的描写，就像是摄影拍照的特写镜头一样，焦点醒目。运用定点观察之后的定点描写，可以把景物描写得独具特色，个性鲜明，给读者以身临其境的实感，留下深刻的印象。

例如，毛泽东同志的《沁园春·长沙》就生动地展现了充满生机的南国秋景。他在词的上阕中是这样描写眼前的秋景的：

独立寒秋，
湘江北去，
橘子洲头。
看万山红遍，
层林尽染；
漫江碧透，
百舸争流。
鹰击长空，

鱼翔浅底.

万类霜天竞自由。

　　显然，"橘子洲头"就是立足点，为全词的纵览设定了特定的情境。从这一特定的观察点出发，作者先是远眺，后是近观，在这江水碧透与红遍的映照之中，又先是仰望，看到雄鹰在长空间奋击双翅，再是俯视，鱼在水清底浅的江里游翔。如果说以上是作者站在橘子洲头有次序地看到的景象，那么，"万类霜天竞自由"则是对这组景色的概括，也是作者对所观察到的景象的总印象和总感受。正由于作者巧妙地运用了定点观察法，视野开阔地展现了眼前的景物，进而通过联想，赋予了所写之景物以鲜明而深远的哲理意义。

　　其次，定点观察法必须按照一定的次序进行。因为各种景物都在一定的空间位置上，我们观察时不可能使许多景物一起入目，表达时也不可能将许多景物同时铺叙，观察时，要注意有一个合理的观察顺序。

　　定点观察的优势在于立足点是固定不变的，比较容易做到观察集中，达到一定的深度。特别是对某一处、某一点、某一面的具体景物的观察中，容易抓住事物的声貌神情和形态特征。如果是东一眼、西一眼，不仅不会有正确的感知，还会影响观察效果，得到混乱的观察结果。

　　古诗云："白日依山尽，黄河入海流，欲穷千里目，更上一层楼。"就很形象地说出了观察景物与选择立足点的密切关系，可见站得高，就能看得远。当然，立足点的选择，不是越高越好，而是根据观察对象来确定的，应服从于观察的目标。

如果我们能够认真地做好课堂笔记，那么，我们就可以更容易明确课文的重点，更容易对学习材料进行组织，建立材料间的内在联系，也更有利于我们利用所学知识对新问题、新情景进行迁移。此外，坚持做课堂笔记还可以锻炼我们思维的条理性、逻辑性，有利于我们培养自己的意志力。因此，课堂笔记对我们非常重要。

课堂笔记全攻略

课堂笔记的原则

如何做好课堂笔记却是我们需要思考的问题。有些学生干脆把老师讲的话全部记下来，成了老师的"录音笔"；有些学生做笔记时不顾条理性，显得乱七八糟，当复习时不知如何下手。那么，在课堂时间有限的情况下，怎样才能高效地做笔记呢？课堂笔记的记法有没有一些讲究呢？我们做笔记时究竟有哪些原则呢？

（一）条理清晰，详略得当

要想复习笔记时能够一目了然地找出重点，在做课堂笔记时就一定要有条理，有层次，分段分条记录，不要将几个问题掺杂在一起记录，突出重点，详略得当。要做到条理清晰、规范，可以采用标题分级、图表、知识树等方式，就可以很清晰地看出知识的层次结构。图表可以将知识的内外关系清晰地表达出来。通过"知识树"，我们能够很容易地看出知识的体系结构。

下面，我们看一位中学生所做的英语笔记：

1. go 常见短语及例句

① go away 走开、离开、逃跑

Did you stay at home or did you go away ?

② go against 反对、不利于

But if you go against nature and do things at the wrong time of year, you will-have to do more work and the results will not be so good.

③ go bad（食物）变坏、坏掉

Around 1850, a terrible disease hit the potato crop, and potatoes went bad in the soil.

④ go off 离开，走开

When are you going off to Guangzhou？

In the afternoon，we all went off separately to look for new plants.

2. keep 常见短语及例句

① keep a record 作记录

It also keeps a record of the date on which they will travel.

② keep back 留下

Finally，he did not give her the fight change，but kept back five pounds.

③ keep fit 保持健康

So people will be advised to keep fit in many ways.

④ keep in touch with 与……保持联系

Although many families became separated，people still kept in touch witheach other.

⑤ keep on（doing sth.）继续（做某事）

In the years that followed，Marx kept on studying English and using it.

⑥ knock out of 从……敲出来

In the following spring，the seeds should be knocked out of the seedheadsand sown.

这位同学的笔记条理非常清晰，既有重点词汇，又有例句，也便于以后翻阅。我们做课堂笔记时，要详略得当，而不能把笔记当听写，事无巨细，"眉毛胡子一把抓"，把老师讲的所有东西，不加思考地、机械地全部记下来，看不出重点和难点。

笔记的详略要依下面这些条件而定：讲课内容是否熟悉，越不熟悉的内容，笔记越要记得详细；讲课内容是否容易找到参考书，如果很难从教科书或别的来源得到这些知识，就必须做详细笔记；老师是否重复了好几遍或者有意识地停留一段时间，这些内容往往是重要的知识点，需要我们详细地记录下来。

（二）紧跟老师，准确记录

上课听讲时，我们应该跟着老师的讲解进行思考，最好边听课边记下老师呈现教材内容的顺序，分析老师依此顺序讲解知识的意图以及老师在讲解过程中所列举的经典案例等。

在心理学中，有一个著名的"首因效应"。人们对个体的评价，往往在很大程度上受第一次印象的影响。这在笔记中同样适用。做笔记时，首次记录发生错误，以后很难改正。所以，我们做笔记时，资料一定要正确，抄板书时要认真，如果有不明白或不太清楚的部分，要加上记号，下课后尽快翻阅课本或请教老师同学，及时改正。这一点是最重要的，它是做好笔记的基础。

（三）恰当处理"听"和"记"的关系

在有限的课堂时间里，我们要认真听讲，听懂老师所讲知识点的来龙去脉，了解其基本实质和内涵。同时，我们也需要做好课堂笔记，这既有利于我们集中注意力，也有利于我们课后的复习。所以我们要恰当处理好"听"和"记"的关系。

听记结合，听为主，记为辅。有些学生习惯于"教师讲，自己记，复习背，考试模仿"的学习，一节课下来，他们的笔记往往记了好几页纸，成了教学实录。这些学生过分依赖笔记而忽视思考，认为老师讲的没有听懂不要紧，只要课后认真看笔记就可以了。殊不知，这样做往往会忽视老师的一些精彩分析，使自己对知识的理解肤浅，增加自己的学习负担，学习效率反而降低，易形成恶性循环。

课堂笔记是边听边记的，这就需要有相应的速度，不然就会影响听讲效果，因此可以利用符号缩写来帮助自己提高书写速度。

做笔记的前提是不能影响听讲和思考，在做笔记时要把握好时机。一般来讲做笔记的时机有三个：一个是老师在黑板上写字时，要抓紧时间抢记；二是老师讲授重点内容时，要挤时间速记、简记；三是下课后，要尽快抽时间去补记。

此外，我们最好坚持用自己的话记。因为这可以省去老师所讲的内容中一些不重要的、说明性的信息，也可以训练自己浓缩信息的能力，提高做笔记的速度。同时，用我们自己的话记录的知识，印象深刻，便于记忆。

（四）适当留些空白位置

好的笔记要有好的格式，不要把一页纸写得满满的，每页上下左右都要留出一定的空白来，最好把笔记的一页用一条竖线分为两部分。其中左面占2/3，右面占1/3。左面用于做课堂笔记，右面用来提示值得注意的地方、强调重点等，也可以随时加上自己的理解、疑问、心得体会或者补充相关资料。有时即使是同一内容，每看一次都会有不同的体会和认识，也需要留出空间来添写。

中学新教材每页的右边均留有较多空白，也是有意识地引导学生动笔，养成良好的学习习惯。值得注意的是，左右两栏内容之间要有对应，即老师讲的和自己想的应根据相同章节的内容在相同的行上，这样便于对照复习。

（五）多种感官并用

我们在上课时，不仅仅是手、眼、耳、口的结合，还有大脑的作用。有些学生，从老师一开始讲课就埋下头来，耳听手写，从头记到尾。而大脑只当了声音和文字之间的传递媒介，并没有参与思维活动。一堂课下来，搞得头昏脑涨的，对老师到底讲了哪些东西很可能是糊里糊涂的。甚至记录有误也不能发现，更谈不上抓住老师讲析的关键所在了。

事实上，课堂上认真听讲，不只是单纯耳朵的任务，不能认为手里不做小动作，思想不开小差，就算是认真听讲，而是要能听懂老师讲的是什么内容，分析了哪几点道理（或要点或步骤或细节……）作出了怎样的结论，对老师讲的几个方面要听得懂，要能领悟、明白，也就是要会听讲，这才能为记好笔记提供重要的前提条件。

要做好课堂笔记，就要在课堂上专心致志，积极思考。大脑一定要随着老师的讲授中心参与思维，做到边听、边思、边记，分辨并详细记录老师讲课的重点。另外，我们还应该认真记下在课堂上没有听清和充分理解的地方，以便课后向老师和其他同学请教。

（六）要及时整理课堂笔记

要知道，我们的课堂笔记不是记过之后就丢掉，而是要整理加工。有些学生课堂上一记，课后一扔，这是一个坏习惯，因为课上记笔记，为了跟上老师的讲授，有很大的时间限制，难以避免缺漏、不完整和笔误，所以下课后要趁热打铁，跟同学对照一下，对缺漏不完整的地方要补充完整，对笔误的地方要纠正。这样，不但为今后复习提供知识储存的保证，而且趁热打铁也便于加深知识的印象，有利于提高并巩固笔记的效果。

（七）结合学科特点

一些文科，比如语文、英语等，所学知识点比较零碎，其成绩的提高主要依靠平时的积累。在做课堂笔记时，要有耐心，认真地记录下所学生字、生词以及一些经典名句等，并在课后经常翻阅识记。对于一些理科，比如数学、物理等，所学知识前后逻辑性较强，做课堂笔记时，应把公式、定理等的推导过程及思路详细地记录下来。加深对所学知识的理解，也有利于对新知识的迁移。因此，应根据不同的学科，采取不同的笔记策略。

总而言之，我们在做课堂笔记时，要条理清晰，详略得当，突出重点；紧跟老师，准确记录；恰当处理好"听"和"记"的关系；适当地留些空白位置；手、眼、耳、口、脑、心并用；课后及时整理；根据不同的学科性质采取不同的笔记策略。只有掌握了这些基本原则，才能做好课堂笔记，从而为复习提供方便。

课堂笔记的重点内容是什么

做好课堂笔记，对提高学习成绩大有裨益。但是课堂上时间有限，许多学生不会做课堂笔记，往往将老师讲的，黑板上写的、画的，一股脑儿地记下来，把课堂笔记变成了课堂记录。结果是上课时手忙脚乱，下课后仍然是一知半解，不能提高学习效率。为了不影响上课听讲效果，要有选择地记笔记。那么，在做课堂笔记时，要重点记哪些内容呢？

（一）重点

在迎考方面，老师都是有经验的，因此要注意记下老师提醒的应注意的问题和强调的容易出错的地方，记下基本概念的要点、基本原理、定理、规则等主要论据、论证方法、运用范围及运用时要注意的问题等。老师一再强调的知识点应着重注意，一定要记好、记全、记准。通常，老师在讲到重点或难点内容时，总会有一些暗示，他们或者在讲前有意停一下，以引起你的注意，或者在讲后把内容重复一遍，以加强学生的记忆。

老师强调的知识点往往以关键词和线索性语句形式出现，关键词是指在讲课内容中，具有重要地位的词语，可以作为记忆的引发器。线索性语句是老师用来提示即将出现的重要信息的语句。例如，"下面这几方面非常重要""这个要记下来""得出的主要结论是""考试时要考的主要问题是"等，我们要悉心观察，及时记笔记。

此外，记下老师课后总结的内容。归纳总结是老师对一个章节或一个课时所讲内容的概括总结，往往是对讲课的重点内容的概括，是经过老师筛选、浓缩的一些带有规律性的认识，这是一堂课的精华，可从中找出重点及各部分之间的联系。如果能够准确而有条理地记下来，可以减轻学生在学习上的许多不必要负担，少走许多弯路。老师在归纳总结的时候总要放慢速度、加重语气、反复强调，配以板书、辅以手势等。这时，学生就应提醒自己，抓住时机，记好笔记，使课堂上所学的内容融会贯通。

小A是七年级学生，在语文课堂上，他不仅随时记下老师讲的重点知识点，还依据老师的总结，在下课后将笔记认真整理了一下。下面，我们来看看小A整理的《伤仲永》的笔记：

《伤仲永》

1. 出处：选自《临川先生文集》。

2. 作者：王安石，字介甫，晚号半山，也被称为王文公。是北宋政治家、思想家和文学家。他的散文雄健峭拔，被列为"唐宋八大家"之一。

3. 文章含义：我们不能仅仅寄希望于先天的优势，还要重视后天的培养和教育。

4. 字词句

A. 词义

（1）通假字

①日扳仲永环谒于邑人："扳"通"攀"，牵、引。

②贤于材人远矣："材"通"才"，才能。

③未尝识书具："尝"同"曾"，曾经。

（2）古今异义

①是：古义词，与"自"组合意为"自从"，eg：自是指物作诗立就；今为判断词。

②或：古义不定代词，有的，eg：或以钱币乞之；今义为或许。

③文理：古义是文采和道理，eg：其文理皆有可观者；今表示文章内容或语句方面的条理。

（3）一词多义

①自：a.自己，eg：并自为其名；b.从，eg：自是指物作诗立就。

②闻：a.听说，eg：余闻之也久；b.名声，eg：不能称前时之闻。

③其：a.这，eg：其诗以养父母；b.他的，eg：稍稍宾客其父。

④并：a.连词，并且，eg：并自为其名；b.副词，全，都，eg：黄发垂髫并怡然自乐。

⑤名：a.名词，名字，eg：并自为其名；b.动词，说出，eg：不能名其一处也。

⑥宾客：a.动词，以宾客之礼相待，eg：稍稍宾客其父；b.名词，客人，eg：于是宾客无不变色离席。

⑦就：a.动词，完成，eg：自是指物作诗立就；b.动词，从事，做，eg：蒙乃始就学。

⑧然：a.代词，这样，eg：父利其然也；b.形容词词尾，……的样子，eg：泯然众人矣。

⑨于：a.介词，此，eg：贤于材人远也；b.介词，在，eg：于厅事之东北角。

⑩为：a.动词，作为，eg：其读以养父母，收族为意；b.动词，成为，eg：卒之为众人。

⑪夫：a.指示代词，那些，eg：今夫不受之天；b.名词，丈夫，eg：夫起大呼。

（4）词语活用

①忽啼求之（啼，哭着，动词作状语。）

②父异焉（异，奇怪，形容词作动词。）

③宾客其父（宾客，名词作动词。以宾客之礼相待。）

④父利其然（利，作动词。）

⑤日扳仲永环谒于邑人（日，每天，作状语；环谒，四处拜访。）

（5）重点词语翻译

①世隶耕（隶，属于。）

②不至：没有达到（要求）。

③称前时之闻（称，相当。）

④通悟：通达聪慧。

⑤收族：和同一宗族的人搞好关系；收，聚、团结。

⑥彼其：他。

⑦泯然：完全。

⑧贤于材人：胜过有才能的人；贤，超过；材人，有才能的人。

B.重点句子翻译

①邑人奇之，稍稍宾客其父，或以钱币乞之：同乡人对他感到惊奇，渐渐地请他父亲去做客，有的人还用钱币求仲永题诗。

②父利其然也，日扳仲永环谒与邑人，不使学：（他的）父亲以为这样有利可图，每天拉着仲永四处拜访县里的人，不让他学习。

③其受之天也，贤于材人远矣。卒之为众人，则其受于人者不至也：他的天资，比一般有才能的人高得多。最终成为一个平凡的人，是因为他没有受到后天的教育。

④其诗以养其父母，收族为意：这首诗以赡养父母、团结同宗族的人为内容。

⑤自是指物作诗立就：从此，指定事物叫他作诗，他立即写成。

⑥令作诗，不能称前时之闻：叫他做诗，写出来的诗已经不能跟以前听说的相当了。

⑦今夫不受之天，故众人，又不受之人，得为众人而已耶：那么，现在那些不是天生聪明、本来就平凡的人，又不接受后天的教育，难道之成为普通人就完了吗？

有一点需要学生注意，记重点内容并不等于照抄课本，我们看一项研究结果。

表1　主科笔记的内容调查

	记老师板书	自己记重点	记标题	书中划重点	其他
普通班	61.6%	35.4%	0.0%	0.0%	3.0%
重点班	48.3%	43.7%	1.1%	4.6%	2.3%

由表1可以看出，研究者将普通班和重点班学生的笔记内容进行比较。结果发现，普通班中有61.6%的同学在做课堂笔记时，把老师的板书照抄下来，而根据自己的理解进行记录重点内容的同学占35.4%；重点班中照抄老师板书的占48.3%，根据自己理解进行记录重点的同学占43.7%。

这说明，重点班的学生在做笔记时，会有自己的思考，对知识点进行了进一步的加工，而且他们的思维速度快，对老师所教的知识能较快地理解，通过加工编码再进行记录；而普通班学生在听课的过程中，有时因为老师上课的速度较快，自己思维的速度慢，来不及对老师的讲课内容进行加工整理。在课堂上很难马上理解接受老师所传授的知识，因此更多的是照抄老师板书，在课后借助课堂笔记，帮助自己更好地理解课程内容。

这也就要求学生在课堂上，一定要集中注意力，这样才不至于遗漏老师所讲的知识点，能对课堂知识进行较快的加工整理，从而形成自己独特的知识体系，提高课堂学习效率。

此外，从表 1 中我们还可以看出，普通班的学生在做笔记时，可能会遗漏标题，没有想到在书中直接划出重点，这也提醒其他同学不能忘记笔记内容的标题，便于以后复习时的查阅；课本上已经有的重要知识点，可以直接划出来，这样既节省了宝贵的课堂时间，又便于把握知识的整体结构，提高学习效率。

（二）难点或疑问点

学贵质疑。在预习时尚未搞清楚的、易错、易混、理解不清或模棱两可的内容，尤其是经老师讲解仍似懂非懂的知识点要及时记下来，课下再去请教老师或同学，可以带着笔记本和笔，请答疑的老师或同学直接在笔记本上写下要点、例句或典型例题，也可以边听讲解边记。这一点是很多学生没有尝试过的，不妨试一试。例如，有学生对英语课堂上老师所讲的 give up 和 give in 怎么都区分不清，就把它们记下来，课下找老师或同学讨论或查找资料。

（三）老师补充内容

老师讲课时补充的精彩内容，有些内容分散在各节之中，甚至分散在过去学过的各册书或课外书籍中，这是老师在查阅大量参考资料的基础上精心选择出来的，应当认真地记下来，以便于扩大自己的知识面和形成自己的知识体系。老师补充的内容往往是重要的考点，有些学生可能因记下这些知识而获得优势。

（四）讲课思路

思路是老师分析问题和推导结论的过程，它体现老师的思想方法和对教材的透彻理解。记下老师讲课的思路，学会老师分析问题的方法，既可以少出错误，又有利于启发学生的思维，打开学生的思路，从而提高学生的思维能力。

例如讲解概念或公式时，主要识记知识的发生背景、实例、分析思路、关键的推理步骤、重要结论和注意事项等；对复习讲评课，重点要记解题策略（如审题方法、思路分析等）以及典型错误与原因剖析，总结思维过程，揭示解题规律。

小 B 是九年级学生，在一次数学复习课上，他把老师所讲的具体解列方程（组）应用题的思路记录了下来，以便自己以后的反思和参考。

列方程（组）解应用题是中学数学联系实际的一个重要方面。其具体步骤是：

1. 审题。即理解题意。弄清问题中已知量是什么，未知量是什么，问题给出和涉及的相等关系是什么。

2. 设元（未知数）：①直接未知数；②间接未知数（往往二者兼用）。一般来说，未知数越多，方程越易列，但越难解。

3. 用含未知数的代数式表示相关的量。

4. 寻找相等关系（有的由题目给出，有的由该问题所涉及的等量关系给出），列方程。一般地，未知数个数与方程个数是相同的。

5. 解方程及检验。

6. 答话。

综上所述，列方程（组）解应用题实质是先把实际问题转化为数学问题（设元、列方程），在由数学问题的解决而导致实际问题的解决（列方程、写出答案）。在这个过程中，列方程起着承前启后的作用。因此，列方程是解应用题的关键。

（五）老师在黑板上列出的提纲、图解和表解

老师讲课时所列的提纲、表解和图解，是对课本知识结构的总体把握，对课本知识内在联系的概括。要记下这些提纲，以便于整体把握知识框架，也有利于以后的复习。

如果这个纲要与书上基本一致，则不必记，只要在书上勾画出来就行了；如果与书上不同，老师又对本课的内容重新进行了组织，这种纲要应该完整地记下来，作为自己复习和总结时的参考。

（六）记体会

学生还应该把教师讲授的新课或讲解的习题，经过思考得到的体会，或者对自己很有启发的和以前没有想到的部分简要地记下来。听课时也可能有一些新的想法，如新的论证角度，新的解题方法等，都要及时记录下来，留在课后证实。在复习中如有新的心得体会，可以随时补记在笔记本上，这样在以后听课时，容易帮助学生产生一些联想。这些联想具有很珍贵的借鉴价值，如不及时记下，很可能被迅速遗忘。

当然，学生写听课心得时不宜过于复杂，否则会妨碍听课效果。有些灵感的迸发、创造性的思维火花在头脑中停留的时间是短暂的，所以需要及时

记录下来。同时，注意要全面系统地学习知识，必须靠平时一点一滴的积累，只有持之以恒的学习才会有好的学习效果。

通过上面的讲解，学生应该很容易地理解，有些内容是不需要记的：次要的知识点，了解一下就可以了；简单易懂的内容，没有必要再记下来；教材上已经清楚列举的知识，认真看课本就可以了，不需要再在笔记本上记下来。

总而言之，我们在做课堂笔记时，不能只凭心情，想记什么就记什么，也不能"眉毛胡子一把抓"，而要有侧重点地记，记那些重点、难点、疑问点、老师补充内容、讲课思路、老师在黑板上列出的提纲、图表和表解以及在听课学习过程中的体会。只有这样，才能有的放矢，既能明确而清晰地做好课堂笔记，又能高效地利用课堂时间，提高学习效率。

主科、副科的课堂笔记是否区别对待

各位同学，你们知道什么是主科，什么是副科吗？传统学科观念常把中小学所开设的文化课分为主科、副科。主科是指高考、中考或小升初考试科目，副科是指高考、中考或小升初的非考试科目。在高考采取文理分科的考试形式之后，对文科学生来说，理、化、生也是副科，对理科学生来说，政、史、地也是副科。

尽管有关部门采取了一系列措施来淡化主副科观念，如初高中阶段所开设的课程都必须进行毕业会考，高考采取"3+综合"考试模式等。但学生受学习兴趣、中考高考现实、老师及家长引导等多重因素的影响，仍然自觉或不自觉地把文化课程分为主科与副科。那么，在对待主科的课堂笔记和副科的课堂笔记中有什么不同呢？下面，我们来看一项研究结果：

表 2　主科、副科笔记习惯调查

	按老师讲课，自己记	按课本内容，自己记	复制老师课件	复印同学笔记	其他
主科	69.7%	3.0%	24.2%	2.0%	1.0%
副科	63.6%	2.0%	28.3%	6.1%	0.0%

由表 2 可以看出，做主科的笔记时，69.7%的学生选择"按照老师上课内容，自己做记录"，而做副科的笔记时，63.6%的学生选择这种方式。做

主科的笔记时，3.0％的学生选择"按照课本内容，自己做记录"，而做副科的笔记时，2.0％的学生选择这种方式。做主科的笔记时，选择"复制老师课件""复印同学笔记"这两种方式的同学分别为24.2％和2.0％，而做副科的笔记时，选择这两种方式的学生分别为28.3％和6.1％。这说明，做主科笔记时，学生的主动性更强一些，做副科笔记时，很多学生采取的方式则相对消极一些。

根据很多同学的观点，由于主科课程的学习关系到自己期中期末考试在班级里的排名，关系到自己的升学压力。他们在学习主科课程时，不管老师是否要求，都会主动做课堂笔记，根据自己对知识的理解和学习需要，上课认真听讲，并对老师的讲课内容进行加工，做出适合自己的有效的笔记，并且记得详细而又有条理。课后，他们会对课堂笔记进行整理，经常复习。

学生做笔记的目的是帮助自己真正掌握课程，并且愿意长期保存。他们认为，主科的课堂笔记不仅有利于自己的学习，而且有利于自己良好学习习惯的形成，还有利于培养自己的意志力。

但是当上副科课程时，由于副科课程于自己的排名关系不大，与升学关系不大，学生要么直接在课本上做些批注或标志，要么干脆不动笔，直接不做课堂笔记。即便做了课堂笔记，常常是照抄老师的板书，很少经过自己的认真思考。下课后，他们几乎不整理课堂笔记，并且只在考前复习时才翻出来使用，做笔记的目的是应付考试和老师的要求，带有很多功利倾向。学生认为，副科的课堂笔记对自己的学习帮助不大，这门课程结束之后，常常不知把笔记本丢到哪里去了。

实际上，学生应该认识到，各门学科之间是互为补充、互为基础的。中小学阶段开设的各门功课之间都或多或少存在着一定的联系，它们有的互为补充关系，有的互为基础关系。

传统的学科观念已受到科学发展的挑战，现代科学的发展，已经给传统的学科观念带来了挑战，传统的学科界限已被打破，高考考试科目改革要求学生要在中小学阶段学好每一门文化课。如果我们在投入时间与精力上有轻有重，主观上是放松对"副科"的学习，可客观上已经造成对"主科"的影响，因此学生必须按照要求学好每一门必修课程，不放弃对任何一个学科的学习，更不能过早偏科或分科。

综上可知，我们不能简单地只重视主科，坚持认真做主科的课堂笔记，轻视副科，不认真做副科的课堂笔记，而应该认真对待每一门课程。即便是某些课堂知识不是太多的课程或者与升学关系不是太大的课程，也不能忽视，应该紧跟老师的思路，用记号划下重点，必要的时候做些眉批、旁批，以便于扩大知识面，开阔视野。

不同学科（文、理）的课堂笔记怎样应对

随着所学科目的增多，学生所需要做笔记的科目也越来越多。那么，文科科目如语文、英语、政治、历史及一部分的地理课程，和理科科目如数学、物理、化学、生物的课堂笔记有什么不同吗？文科以语文为例，理科以数学为例，来说明做文、理科笔记的不同应对方法。

在先前的讲解中可以知道，课堂笔记的重点内容是重点知识、难点或疑点，老师补充内容、老师在黑板上列出的提纲、图表表解以及在听课学习过程中的体会。但是，当应用于不同性质的科目时，还是有些不同的。

（一）如何做语文课堂笔记

语文学习重在平时的积累。因此，在平常的学习中，要勤于做笔记，善于做笔记。做好语文笔记，能促使我们集中精力，认真听课；记下来的有关知识有利于今后的复习；它能培养的记录和书写能力，使学生养成良好的学习习惯。那么，语文笔记应该记些什么呢？

1. 记新知识

每节语文课的侧重点各不相同，知识都是新旧交织在一起的，为了提高课堂学习的效率，就要求学生要形成筛选新知识的意识。筛选出的新知识要及时记下来，记全记清，并要具有概括性，以便于以后的复习。

例如，七年级学生小 C 在语文课堂上学《木兰诗》时，认真记录老师所讲的这节课的新知识，整理之后，他的笔记如下（节选）：

重点词义：
（1）通假字
①对镜帖花黄："帖"通"贴"，粘，粘贴。
②出门看火伴："火"通"伙"。
（2）古今异义
①爷：古义指父亲，eg：卷卷有爷名；今指爷爷，即父亲的父亲。
②走：古义为跑，双兔傍地走；今义行走。

③但：古义为只，副词，eg：但闻黄河流水鸣溅溅；今常用作转折连词。

　　④郭：古义为外城，eg：出郭相扶将；今仅用作姓氏。

　　（3）一词多义

　　①市：a.集市，eg：东市买鞍马；b.买，eg：愿为市鞍马。（名词作动词。我愿意为此去买鞍马。）

　　②买：a.买（东西），eg：东市买骏马；b.雇，租，eg：欲买舟而下。

　　（4）词语活用

　　①"何"疑问代词作动词，是什么。eg：问女何所思。

　　②"策"名词作动词，登记。eg：策勋十二转。

　　③"骑"动词作名词，战马。eg：但闻燕山胡骑鸣啾啾。

　　2. 学科的知识要点

　　语文的学习会涉及其他很多学科的知识。如对时代背景的介绍，对主题的概括，对写作特点的分析，对重点段落句子的品读，某些修辞手法及词语的用法。对于能引起我们知识结构迁移的，应该马上记下来，并注明自己需要补充的相关知识，需要查找的资料。这样，知识面就会越来越宽，运用知识的能力也会越来越强，那么，学生在不同内容、知识的相互交叉、渗透和整合中开阔视野，提高了学习效率，就初步获得现代社会所要求的语文实践能力。

　　3. 记闪光的语言

　　在课堂学习过程中，不论是老师或学生，都会有精彩的思想火花迸发出来。如果能将那些引起思想共鸣的语言以"凡人警句"的形式记录下来，无疑对积累词汇和丰富知识贮备有很好的帮助。

　　"竹外桃花三两枝，春江水暖鸭先知。""不知细叶谁裁出，二月春风似剪刀。""接天莲叶无穷碧，映日荷花别样红。""黄梅时节家家雨，青草池塘处处蛙。""落霞与孤鹜齐飞，秋水共长天一色。""长风万里送秋雁，对此可以酣高楼。""忽如一夜春风来，千树万树梨花开。""千山鸟飞绝，万径人踪灭。孤舟蓑笠翁，独钓寒江雪。""举杯邀明月，对影成三人。"……如果能够将这些优美的句子随时记下来，对于以后的学习是大有裨益的。

　　4. 记瞬间感悟

　　根据经验可以知道，语文是一门实践性很强的科目，只掌握一定的知识是远远不够的，它需要学习者作为一个独立个体进行言语的操作。语文学习的材料，多数是作家对生活的艺术化描述或对人生感悟的阐发，阅读作品就是读者调动自己的经历体验进行的再创作，同时也是与作者沟通对话的过程。

在这个过程中，会有很多小火花一样的心得体会或感悟在大脑中闪现，在学习中要抓住这些灵感，及时记录下来，它们往往很有价值，是学习过程中很宝贵的东西。为了课下整理、完善这些学习灵感，可将自己即时的思绪用非常简练的词语记下来。这些瞬间的火花稍纵即逝，很难再捕捉到。

及时记下，既锻炼了自己的思维能力，又为写作提供了重要的积累。事实上，不少名家的学术随笔就是这样产生的。即便是某一知识的学习，记下自己个性化的失误和体会，也有助于巩固和深化。如果学生有了这种意识，学习的自觉性一定会加强，学习语文的触角也就会延伸到社会生活中。

良好的笔记习惯对学生的学习效率有很大的影响，然而，很多学生在记什么、怎么记以及如何使用上存在着很多误区，这些误区使笔记不能充分发挥在学习中应有的辅助作用，严重制约着学生的学习效率的提高。下面，我们来看一下语文笔记中的"六忌"，希望能引起学生的注意。

一忌满书乱写，没有专门的笔记本。有些学生用课本取代笔记本，什么都写在书上，把学过的课文弄得密密麻麻。当然，在书页空白处做眉批、旁批，在段落间书写段落大意，在课文正文和注释上划出重要的字、词、句等都是必要的，但因此而取代专门的笔记本，让有限的书页独担重负，实不可取。

其主要的不利之处就在于翻阅不便，无法分类和整理，复习时很难理清思路，难以分清哪些是已经会的知识，哪些是还不太明了的知识。那么，课本记录与笔记本记录该如何分工呢？一般来讲，课本上记的东西要与课文有直接的关系，主要包括对课文字词句段篇的理解和一些课本上已经有的、可以勾画出来的东西，而由课文引发的一些联想、听课悟得的一些方法以及一些易误词语和重要的文学常识，都应条理清晰地记录在笔记本上。

二忌随手应付，无长远打算。有些同学对笔记的作用不理解，把做笔记当作应付差事，于是老师让记什么就记什么，老师不明确让记下的就不记；或者心情好时就认真记，心情不好时就敷衍了事，记记停停，停停记记，不能坚持每堂课都做笔记；或者随便找张纸记，记过即扔；或者多个科目记在一个笔记本上，看上去让人感觉像"大杂烩"。这样的笔记只是应付差事，对将来没有实际的意义，都是无用功。

对于这样的问题，纠正的方法就是：一要端正做笔记的态度，认清做笔记的实际意义；二要培养学习的兴趣和热情，坚定为达到目标而努力学习的决心；三是多看看同学中的优秀笔记，既以榜样激励自己，又从中学习记笔记的技巧方法。

三忌条理不清，思路混乱。有的同学虽然很重视做笔记，有专门的甚至很精美的笔记本，可是缺少一些组织的方法，往往一片混乱。笔记的目的一是为了备忘，二是为了将来复习的方便。为了做笔记而做笔记，只知一味地记下去，会给将来的复习带来诸多不便。

因此，分清类别，辨明轻重，就显得很重要了。例如一堂新课，笔记大致可分以下栏目：①词语、音、形、义的积累；②文学常识；③佳句摘抄；④课文理解；⑤释疑解难；⑥独到之见。前五项所记应记自己较为陌生的、重要的内容，已经熟悉的词语、文学常识和自己能懂的课文理解，就没有必要再做笔记，浪费时间和精力了。此外，为了更好地分类管理，使用方便，可以准备多个本子，如"课堂拾贝"或"阅读采风"等。

四忌偏重知识，忽略心得体会。可惜的是，很多同学的笔记本，照抄知识和原文词句的内容很多，自己的思考感悟很少或基本没有，那宝贵的思维火花也没有及时地记录下来。

五忌一成不变，不加整理。有的同学笔记记完了就完了，最多以后再翻翻罢了。这种做法，忽视了记学习笔记的本质，体现学习过程的重要记录。笔记是学习过程的重要记录，自然要随着学习过程的变化而变化。比如随着学习的深入，难易的重新划定；重翻时新的理解的补充；同一知识材料的进一步丰富。

所以，笔记应是流动的活水，有旧的淘汰，也有新的摄入。即便有的笔记纯粹是材料积累性质的，属于"资料库"，也应该尽量避免一成不变。需要注意的是，为了整理的方便，开始做笔记的时候，要留有一定的空白，并且最好单面记。这样既便于补充新的内容，也便于分类剪贴。

六忌课后不翻或不考试不翻。做笔记的目的是应用，是为了更好的学习。为达到这个目的，自然要经常翻看。可是，很多学生为记而记，记后不翻，或者只在考试时翻一下，有的甚至考试时也不翻，只是忙于做新题。这是不会学习的表现，其结果除了做不出高质量的笔记，就连勉强做的那点也无法发挥应有的作用。

以上这些是我们从学生笔记实践中归纳出来的一些常见问题，在此提出来，希望各位学生对语文笔记有更完整的认识，从而更加科学有效的学习。

（二）如何做数学课堂笔记

数学学习重在逻辑思维和缜密的推理。因此，在平常的学习中，要学会做数学笔记，从而培养的逻辑思维能力。做好数学笔记，可以促使学生集中精力，认真听课；记下来的有关知识，有利于今后的复习；能培养学生的推理能力和质疑精神，养成良好的学习习惯。那么，数学笔记应该记些什么呢？

1. 记解题方法和典型例题

在课堂上，要理解老师对数学概念的建立、定律的得出、结论的推导和典型例题的讲解，记下老师的解题技巧、思路及方法。这对于启迪的思维，开阔视野，开发智力，培养能力，提高解题水平大有益处。

数学能力的提高离不开做题，但当做题达到一定的量后，决定复习效果的关键因素就不再是题目的数量，而在于题目的质量。解数学题要着重研究解题的思维过程，弄清基本数学知识和基本数学思想在解题中的意义和作用，研究运用不同的思维方法解决同一数学问题的多条途径，在分析解决问题的过程中既构建知识的横向联系又养成多角度思考问题的习惯。

一节课与其抓紧时间大汗淋淋地做 30 道考查思路重复的题，不如深入透彻地掌握一道典型题。

下面，我们看一位同学的数学笔记，关于等腰三角形的一种解题方法——分类讨论：

例 1：已知等腰三角形的一个内角为 65°，则其顶角为 （ ）

A.50°　　　　　B.65°　　　　　C.115°　　　　　D.50° 或 65°

思路：65°角可能是顶角，也可能是底角。当 65° 是底角时，则顶角的度数为 $180° - 65° × 2 = 50°$；当 65° 角是顶角时，则顶角的度数就等于 65°。所以这个等腰三角形的顶角为 50° 或 65°。故应选 D。

提示：对于一个等腰三角形，若条件中并没有确定顶角或底角时，应注意分情况讨论，先确定这个已知角是顶角还是底角，再求解。

例 2：已知等腰三角形的一边等于 3，另一边等于 4，则它的周长等于 _____。

思路：已知条件中并没有指明 3 和 4 谁是腰长，因此应由三角形的三边关系进行分类讨论。当 3 是腰长时，这个等腰三角形的底边长就是 4，此时等腰三角形的周长等于 10；当 4 是腰长时，这个三角形的底边长就是 3，则此时周长等于 11。故这个等腰三角形的周长等于 10 或 11。

　　提示：对于底和腰不等的等腰三角形，若条件中没有明确哪是底，哪是腰时，应在符合三角形三边关系的前提下分类讨论。

2. 记悬念和错题

　　课堂上，可能由于某些原因，学生对某些问题没有听得十分明白。老师有时会留下一些问题让我们课后思考，而这些问题也许要经过好长一段时间的学习才能解决。同时，我们在预习新课时多少会有一些自己难以理解的问题；作业中也难免会出现一些错误，那么，上课时就必须特别注意老师讲解这些疑难的地方。

　　当做错题时，不能笼统地埋怨自己解题"粗心"，而应该把做错的题研究一下，是不是因为注意力不集中，顾此失彼；审题不细心，误解题意；记错概念、公式、定理；心理紧张，随意跳步骤，造成运算错误；等等。

　　"错误是最好的老师"，我们要认真的纠正错误，寻找原因，要做好解题后的反思，清理解题思路，寻求最佳解答方法，以达到举一反三、融会贯通的目的。及时进行总结，言简意赅，切中要害，以利于吸取教训，力求同一错误不犯第二次；轻描淡写，文过饰非的查错因是没有实质性意义的。只有认真地追根溯源地查找错因，印象才会深刻。

　　所以，要做好改错反思。每个同学都应该有一个错题本，把这些问题和悬念记录下来，复习时多看两遍，加深对问题的理解和记忆。同时，记录做错的题，也有利于拓展思维，提高解题能力，对以后的学习大有裨益。

　　下面，我们看一位同学关于排列组合常见错误的分析例题：

　　例 1：5 本不同的书，全部分给 4 个学生，每个学生至少 1 本，不同分法的种数　　　　　　　　　　　　　　　　　　（　　）

　　错误答案：$A_4^4 \cdot A_4^1$ 或 $C_5^4 A_4^4 \cdot A_4^1$

　　错误的原因：$A_4^4 \cdot A_4^1$：先把 4 本书分给 4 个人；剩下的 1 本书可以分给 4 人中的任意一个。

$C_5^4 A_4^4 \cdot A_4^1$：先从 5 本不同的书中选 4 本书，分给 4 个人；剩下的 1 本书可以分给 4 人中的任意一个。

错误分析：$A_4^4 \cdot A_4^1$：分给学生的 4 本书，没有进行选择。应该先选书再分书。

$C_5^4 A_4^4 \cdot A_4^1$：假设 5 本书为 $ABCDE$，则 4 个人可能得到的结果是：A，B，C，DE；也可能是 A，B，C，ED。这两种是一样的，造成了重复。

正确方法：

方法 1：$(C_5^4 A_4^4 \cdot A_4^1) / A_2^2 = 240$。

方法 2：先抽 2 本书捆在一起，看作一整体在分配给 4 个人。

例 2：某校准备参加 2009 年全国高中数学联赛，把 10 个名额分配给高二年级 8 个班，每班至少 1 人，不同的分配方案有 _____ 种。

错误答案：$8 \times 8 = 64$

错误的原因：先每个班一个名额，剩下 2 个名额，第一个名额有 8 种选择，第二个名额也有 8 种选择。所以共有 64 种不同的分法。

错误分析：上述可能的结果有：1，2，3，4，5，6，7（10），8（9）；也可能是 1，2，3，4，5，6，10（7），9（8）。这两者是重复的。但也可能是 1，2，3，4，5，6，7，8（9，10）或 1，2，3，4，5，6，7，9（8，10），这也是重复的。

正确方法：先每个班一个名额，剩下 2 个名额。则有两种可能：有 2 个班是 2 个名额；有 1 个班是 3 个名额。即：2，2，1，1，1，1，1，1 或 3，1，1，1，1，1，1，1。所以问题转化为哪两个班分得 2 个名额或哪个班分得 3 个名额。所以正确解法是：$C_8^2 + C_8^1 = 36$。

另外，在阅读一些数学课外书或竞赛书时，也许会发现一些有趣的而自己一下又未能解决的问题，那么，就可以把这些问题记录下来，可以课后与老师同学讨论；也可以自己课后多加思考，多加留意，很可能从中获得和学到不少新知识。

3. 记提纲

每上一节课，都应把这节课中老师所教的数学概念、公式、单位、定律或原理记下来。对难以理解的概念的建立及其内涵和外延，可通过举例来说明。对重要的数学定律或原理的得出、成立条件、适用范围及推导证明要清晰准确的记录。

每学完一章可以来一次小结，把全章的基本知识和基本技能系统地归纳整理在笔记本上。这些内容在课本上虽然有，但课文篇幅大，复习时不方便。可以通过摘抄提纲、提取精华，既方便平时复习，也增强了记忆，还能不断提高自己的归纳能力和实践能力。

此外，老师讲课大多有提纲，并且在讲课时会将备课提纲书写在黑板上。这些提纲体现了授课内容的重点、难点，并且有条理性，比较重要，应该把这些提纲记在笔记本上。

4. 记体会

记体会就是我们把老师讲授的新课或讲解的习题，经过思考得到的体会简要记下来。通过重新考虑和检查解题结果，以及得出这个结果的思路，这样可以巩固和提高学生的解题能力。

我们来看一位同学的数学笔记：

例：设 $a<b<c$，那么 $y=\mid x-a\mid+\mid x-b\mid+\mid x-c\mid$ 的最小值是 _____。

解：根据绝对值的意义及题设，在数轴上做出数 a、b、c 对应的点 A、B、C

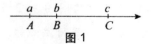

图1

如图1，数 x 对应的点与 A、B、C 三点的距离之和不可能小于 AC 的长，仅当数 x 对应的点与点 B 重合时，y 取得最小值 AC，而 $AC=c-a$，即 y 最小值 $=c-a$。

体会：数形结合思想是指将数量与图形结合起来分析、研究、解决问题的一种思想方法，是数学中最常用的方法。

5. 记总结

注意记住老师的课后总结，这对于浓缩一堂课的内容，找出重点及各部分之间的联系，掌握基本概念、公式、定理，寻找存在问题、找到规律和融会贯通课堂内容都很有作用。

此外，还有一个总结数学的有趣的方法，就是写数学日记。有的同学可能会很疑惑，自己也知道写日记，但大部分都是语文课或英语课要求的内容啊，怎么会有数学日记呢？其实，数学日记很简单的，就是以日记的形式，把当天学习数学的思路、方法、体会和感悟等记录下来。下面我们看一个同学所写的数学日记：

2006 年 12 月 8 日　星期五　阴

今天，学了"鸡兔同笼"这一课，好有趣哟！

上课不久，刘老师就出了一个"怪题"：有一个笼子里关了鸡和兔，共有 20 个头，54 条腿，鸡兔各有多少只？

我左思右想，怎么算呢？真是个怪题，啊！有了，嘿嘿！一下子想出了两条妙计！怎么有人在说自己的方法了？！是××，他竟破天荒的抢走了我的第一招"假设推理法"，就是：设 $x=$ 鸡的数目，$y=$ 兔的数目，那么，$x+y=20$，$2x+4y=54$，解出 $x=7$，$y=13$，则，鸡有 7 只，兔有 13 只。

幸亏我还有一张"王牌"，不然就惨了。我高高地举起了手，刘老师好像知道我的心思，选了我来回答。终于，我的"四部成功法"亮相了：2+4=6（条），54÷6=9（只），9－2=7（只），20－7=13（只）。

老师果然夸了我，我的心里甜滋滋的。动脑筋真好呀！

看了上面的一个例子，各位不妨课后试一下，写出你的数学日记！这样不仅有趣，提高学习数学的兴趣，还可以有效地复习当天所学知识，提高学习效率。

综上可知，虽然语文课堂笔记和数学课堂笔记在很多地方有相似之处，如：都要记重点内容、都要记疑难点、都要记体会等，但是，它们之间也有不同的侧重点，如：语文笔记可能更零散、细碎一些，而数学笔记则更具有逻辑性。因此，应该根据文理科不同的学科性质，有针对性地做不同学科的笔记，以提高笔记的有效性，也为学习提供方便。

阅读笔记全攻略

钱钟书先生认为，自己的读书经验就是好读书，肯下功夫；不仅读，还做阅读笔记；不仅反复读，还会对笔记不断地进行添补；所以，他读的书很多，也不易遗忘。钱钟书说，一本书，第二遍再读对，总会发现第一遍读时会有很多疏忽；最精彩的句子，要读几遍之后才会被发现。

由此可见，阅读笔记的作用是极大的，我们应该向钱钟书先生学习，认真做阅读笔记，善用阅读笔记。下面，让我们来具体看看什么是阅读笔记，它的内容、作用、原则是什么，形式有哪些，以及如何做好阅读笔记。

什么是阅读笔记

只有掌握了正确合理的科学的读书方法，才能获得事半功倍的效果，才能在当今大量的书海世界中快速地获得知识和信息。古往今来，人们在长期的实践总结中摸索出了许多行之有效的方法，其中阅读笔记为许多学者、名家青睐，甚至有"不动笔墨不读书"之说。下面，就让我们来好好关注一下倍受名家学者重视的阅读笔记吧。

阅读笔记也叫读书笔记，是我们在课堂之外阅读学习时，遇到值得记录的东西和自己的心得、体会，随时写下笔记以帮助学习。古人的读书经验是"四到"：眼到、口到、心到、手到，其中"手到"就是指做阅读笔记。

例如，在《红楼梦》中，这样描写林黛玉："娴静似娇花照水，行动如弱柳扶风，心较比干多一窍，病如西子胜三分。"短短几句话，一个聪明多才、美貌体弱的病态美人出现在了我们的脑海中。我们可以把这些对自己很有启发的句子摘抄下来，也可以做些批注，写出自己独特的感悟和想法。

阅读笔记主要分为两种。其中，一种是对我们已经学到的知识进行补充，因此是目的导向，通常会有一个预定的目标，如需要补充学习什么知识或需要了解哪些特定的知识。

例如，一位同学在学过课堂上老师所讲的黄金分割点之后，就想了解黄金分割点在现实中有没有什么应用，是不是真的那么神奇，于是，他就查阅了一些报纸杂志，做的阅读笔记如下：

基本知识——黄金分割点：点 C 把线段 AB 分成两条线段 AC 和

BC。如果 $AC^2=AB\times BC$，那么，称线段 AB 被点 C 黄金分割，点 C 叫做线段 AB 的黄金分割点，AC 与 AB 的比值称为黄金比，为 0.618。

奇妙的应用——东方明珠塔，塔高 462.85 米，设计师在 295 米处设计了一个上球体，使平直单调的塔身变得丰富多彩，非常协调、美观；文明古国埃及的金字塔，形似方锥，大小各异，但这些金字塔底面的边长与高的比值都接近于 0.618；小提琴是一种造型优美、声音诱人的弦乐器，它的共鸣箱的一个端点正好是整个琴身的黄金分割点；在油画艺术上的应用，蒙娜丽莎的头和两肩在整幅画面中都完美地体现了黄金分割，使得这幅油画看起来是那么的和谐、完美；人体最感舒适的温度是 23℃，也是正常人体温（37℃）的黄金分割点（23=37×0.618）。此外，人体还有几个黄金分割点：肚脐以上部分的黄金分割点在咽喉，肚脐以下部分的黄金分割点在膝盖，上肢的黄金分割点在肘关节，上肢与下肢长度之比值均近似 0.618。

另一种阅读笔记是兴趣导向的，主要是寻找自己感兴趣的阅读材料，这些材料来源比较广泛，可以是杂志报纸，也可以是名著书籍，电子资源。

例如，一位同学非常喜欢物理，在阅读报纸杂志时，随时会记录一些有趣的物理现象或实验，下面我们看一下他所写的关于"为什么说'响水不开，开水不响'"的阅读笔记：

我们知道，水中溶有少量空气，容器壁的表面小空穴中也吸附着空气，这些小气泡起气化核的作用。水对空气的溶解度及器壁对空气的吸附量随温度的升高而减少，当水被加热时，气泡首先在受热面的器壁上生成。

气泡生成之后，由于水继续被加热，在受热面附近形成过热水层，它将不断地向小气泡内蒸发水蒸气，使泡内的压强（空气压与蒸汽压之和）不断增大，结果使气泡的体积不断膨胀，气泡所受的浮力也随之增大，当气泡所受的浮力大于气泡与壁间的附着力时，气泡便离开器壁开始上浮。

在沸腾前，各水层的温度不同，受热面附近水层的温度较高，水面附近的温度较低。气泡在上升过程中不仅泡内空气压强 P 随水温的降低而降低，泡内有一部分水蒸气凝结成饱和蒸汽，压强亦在减小，而外界压强基本不变。此时，泡外压强大于内压强，于是，上浮的气泡在上升过程中体积将缩小，当水温接近沸点时，有大量的气泡涌现，接连不断地上升，并迅速地由大变小，使水剧烈振荡，产生"嗡，嗡"的响声，这就是"响水不开"的道理。

对水继续加热，由于对流和气泡不断地将热能带至中、上层，使整个容器的水温趋于一致，此时，气泡脱离器壁上浮，其内部的饱和水蒸气将不会凝结，饱和蒸汽压趋于一个稳定值。气泡在上浮过程中，液体对气泡的静压强随着水的深度变小而减小，因此气泡壁所受的外压强与其内压强相比也在逐渐减小，气泡液气分界面上的力学平衡遭破坏，气泡迅速膨胀，加速上浮，直至水面释出蒸汽和空气，水就开始沸腾了。也就是人们常说的"水开了"，由于此时气泡上升至水面破裂，对水的振荡减弱，几乎听不到"嗡嗡"声，这就是"开水不响"的原因。

不同阅读材料所做的阅读笔记，可以被视为一个人成长的印迹。在生命的不同阶段，每个人所喜欢的书是不同的它们仿佛是生命里程里留下的足迹，见证着人生的每一段路，每一个独特的风景，使我们接受不同思想、文化的洗礼，使我们的生命更加丰富和完整。

阅读笔记的动机

提到为什么做课堂笔记，可能有些同学是为了应付老师。这里指的是，如果你的老师明确规定要做笔记；可能一些同学是为了应付考试，在考前要翻翻重点内容，便于临时抱佛脚；可能有些同学是为了帮助自己学习知识；还有的可能想经常复习时会用到；等等原因。

而谈到为什么做阅读笔记，除老师对此有所规定要求外，可能大多数人都是出于自愿，有更多的主动性在里面。比如，为了提高考试成绩、扩展知识面、丰富知识体系、提高记忆，对阅读过的材料有个提纲挈领的整理，便于记忆，等等。但是不管出于什么原因，我们要知道做好阅读笔记并正确地使用它对我们的学习是十分有益的。

阅读笔记的原则

前面我们已经对阅读笔记的概念、原因有了一定程度的了解，那么，阅读笔记的原则是什么呢？

1. 目标导向

不同于课堂笔记，阅读笔记更多是由一定的目标指引，如为了查找丰富课本上的知识，或是兴趣导向，广泛阅读自己感兴趣的文章、书本及杂志刊物等，是由拓宽视野，丰富知识体系这一总体目标引发的。

例如，有的同学做阅读笔记可能就是为了扩大自己的视野，增加知识面，我们看一位同学的英语阅读笔记：

He who sings on Friday，shall weep on Sunday；He who laughs on Friday，will weep on Sunday.

乐极生悲。

Choose a wife on a Saturday rather than a Sunday.

节日假期，不宜选妻。（意指平时女子穿便服，故能更好地对之进行观察。）

Come day，go day，God send Sunday.

过了一天又一天，上帝快给个星期天。（此乃懒惰者的愿望，亦指懒惰的佣人盼望工作时间快快过去，休息和发工钱的日子快快到来。）

2. 注重理解

做阅读笔记注重的是对阅读材料的理解与大意要点的把握，该阅读材料给我们留下深刻印象之处，以及由此产生的联想。

例如，一位非常喜欢数学的同学，在一本杂志上看到一篇介绍数学思想的文章，其做的阅读笔记如下：

例：扑克牌游戏（2005年江苏省泰州市中考试题）

小明背对小亮，让小亮按下列四个步骤操作：第一步，分发左、中、右三堆牌，每堆牌不少于两张，且各堆牌现有的张数相同；第二步，从左边一堆拿出两张，放入中间一堆；第三步，从右边一堆拿出一张，放入中间一堆；第四步，左边一堆有几张牌，就从中间一堆拿几张牌放入左边一堆。这时，小明准确说出了中间一堆牌现有的张数，你认为中间一堆牌现有的张数是_____。

解析：本题初看上去过程比较复杂。若用字母表示出第一步后每堆牌的张数，列代数式并化简，很快能得到结果。设第一步后每堆牌的张数为 x，则第四步后中间一堆牌的张数是 $x+2+1-(x-2)=5$。

体会：代数思想，就是用字母表示数，用含有字母的式子表示现实生活中的数量关系，从而利于我们对问题的解答，使我们从算术跨进了代数的大门。这是非常有用的一种解题思想。

3. 开拓思路

做阅读笔记是为了开拓思路，读、写、思三者相结合，可以发展思维能力，包括发散思维、聚合思维等，以及归纳分析能力、创新能力等。

例如，一位同学在一份数学报纸上看到一道题目，觉得这道题目的解题思路对自己很有启发意义，就做了阅读比较，我们来看一下：

例题：某中学为美化环境，计划在校园的广场用 $30m^2$ 的草皮铺设一块一边长为 10m 的等腰三角形绿地，请你求出这个等腰三角形绿地的另两边长。

解析：在等腰 $\triangle ABC$ 中，设 $AB=10$m，作 $CD \perp AB$ 于 D，由 $S_{\triangle ABC}=\dfrac{1}{2} \times AB \cdot CD=30$，可得 $CD=6$m。如下图，当 AB 为底边时，$AD=BD=5$m，所以 $AC=BC=\sqrt{CD^2+AD^2}=\sqrt{61}$（m）。

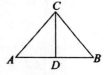

如下图，当 AB 为腰且 $\triangle ABC$ 为锐角三角形时，

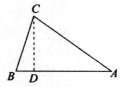

$AB=AC=10$m，所以 $AD=\sqrt{AC^2-CD^2}=8$（m），$BD=2$m，$BC=\sqrt{CD^2+BD^2}=2\sqrt{10}$（m）

如下图，当 AB 为腰且 $\triangle ABC$ 为钝角三角形时，

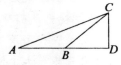

$AB=BC=10$m，$BD=\sqrt{BC^2-CD^2}=8$（m），

所以 $AD=18$m，$AC=\sqrt{CD^2+AD^2}=6\sqrt{10}$（m）。

体会：①三角形的高是由三角形的形状决定的，对于等腰三角形，当顶角是锐角时，腰上的高在三角形内；当顶角是钝角时，腰上的高在三角形外。

②注意分类讨论的思想。

阅读笔记的重点内容

各位同学，在阅读课外学习材料时，你们知道哪些内容应该作为笔记的重点吗？阅读笔记的内容可以是阅读材料的重点、要点，可以摘抄一些优美的词句，可以是对作者行文思路的揣摩、体会，可以对作品中的人物有自己的大胆想象，写篇后续，也可以畅谈自己读后的感想等。

例如，一位同学在读过《红楼梦》之后，对林黛玉进行了一次性格分析，我们来看一下他的笔记（节选）：

"桃李明年能再发，明年闺中知有谁？""明年花发虽可啄，却不道人去梁空巢已倾""侬今葬花人笑痴，他年葬侬知是谁？""一朝春尽红颜老，花落人亡两不知。"

林黛玉自小聪明秀丽，颇具才华，因此很受父母的宠爱，这就形成了她日后"孤芳自赏"的性格；但是寄人篱下的生活，使她性格中又添了一份自卑的心理，而这种自卑与她的"自赏"就不可避免地发生强烈的内心冲突，于是她就常常处在这种矛盾的煎熬之中。

心境忧郁、敏感多疑，是她性格的主要特点。这种性格的形成和她的处境有很大的关系。她自幼失去双亲，寄人篱下。虽然吃穿不愁，但总不能像在自己父母跟前那样可以随心所欲。长期的压抑，使她形成了多愁善感的性格。

因此，她对事物阴暗的一面、消极的一面、悲观的一面十分敏感。例如：她看见宝钗在母亲面前撒娇就想到自己孤苦伶仃、寄人篱下的身世；看见花开花落就想到"他年葬侬知是谁"，常常一个人对月叹息，临窗流泪；若遇到不顺心的事就更是郁郁寡欢，整日以泪洗面。

"随花飞到天尽头，天尽头，何处有香丘？""质本洁来还洁去，不教污淖陷渠沟""尔今死去侬收葬，未卜侬身何日丧？"

贾宝玉是林黛玉的意中人，但是封建的伦理纲常又使她无法与意中人在一起，再加上在她和宝玉之间又插进一个薛宝钗。因为黛玉本性多疑，所以她更是常常使性怄气，自己折磨自己。

黛玉常年处在郁闷寡欢中，多思、多虑又使她严重失眠，在这样的状态下，她怎么可能不痛苦呢？到最后传出宝玉要娶薛宝钗时，她的精神终于彻底崩溃了。

此外，还有个重要的内容就是对不理解的地方做下笔记，请教老师或同学，寻求指导。比如看英语报刊时，不理解的句子，语法；数学参考资料中不明白的解题思路都是应该随时记下的知识。

例如，我们看一位同学在阅读一份英语报纸时所做的笔记：

（1）The powder is made_____fish，blood and bones.（of/from）

（2）The UK is made up_____four countries.（of/from）

补充知识点：be made up of 由……组成；be made from 由……制造。

阅读笔记的作用

在阅读课外的一些报刊、杂志时，我们需要做阅读比较。那么，各位同学知道阅读笔记究竟有什么作用吗？

（一）做阅读笔记使我们注意力集中

做阅读笔记要求我们保持一种注意力集中的状态，从而高效地阅读并把握其意义。因此，阅读笔记可以使我们注意力集中，从不同程度上促进知识的获得、贮存及利用。

（二）做阅读笔记帮助记忆

心理学家认为，我们可以借助笔记明确重点。有实验表明，在学习者笔记里的材料被回忆起来的可能性是不在笔记里的材料的两倍。有的同学可能会对这个结论不太相信，那么，我们可以做个小实验。例如，长度相似的两篇英语课外文章，对其中一篇认真做阅读比记，另外一篇只是阅读，不做笔记；然后，回忆这两篇文章所学到的知识，有没有什么差别呢？

（三）做阅读笔记使我们加深对知识的理解

阅读笔记能有效地加深自己对知识的理解，还有助于我们发现新知识的内在联系和建立新旧知识之间的联系，从而主动把握知识，并且有利于对新知识的应用。

例如，一位同学在物理课堂上学过物体热胀冷缩的性质后，在一本杂志上看到一篇相关日常生活的文章，就做了阅读笔记，加深了自己对热胀冷缩这个知识点的理解。下面，我们来看一下这位同学的笔记：

日常现象：把煮熟捞起的鸡蛋立刻浸入冷水中，待完全冷却后，再捞起剥皮，就会发现鸡蛋皮很容易剥落。

原因分析：首先，鸡蛋刚浸入冷水中，蛋壳直接遇冷收缩，而蛋白温度下降不大，收缩也较小，这时主要表现为蛋壳在收缩。其次，由于不同物质热胀冷缩性质的差异性，当整个蛋都完全冷却时，组织疏松的蛋白收缩率比蛋壳大，收缩程度更明显，蛋白蛋壳相互脱离，剥蛋壳就更方便了。

（四）阅读笔记有助于积累资料

读的东西多了，写成笔记，使用时十分方便，可以迅速找到所需的资料。历史学家吴晗一生中积累了上万张卡片，在做报告写文章时，可以很快找到需要的资料。而长期的阅读笔记积累的素材可以使我们写作时文思泉涌下笔如神，特别是对于我们中学生来说，由于生活经验、阅历有限，利用阅读笔记来积累资料就更有必要了。

许多名家名著也是在做读书笔记的基础上完成的，如顾炎武的《日知录》、钱钟书的《管锥编》等，可见读写结合的重要性，而阅读笔记则是连接读书和写作的桥梁。

（五）阅读笔记也是与作者沟通的一种方式

当我们敞开心扉，感受作者带来的经历和思想，与作品进行心灵对话，身心也将受到陶冶和滋润。

下面，我们看一位同学的阅读笔记：

不为一朵花停留太久

在你的旅途上，孩子，会有许多你没有见过的鲜花开在路边。它们守在溪流的旁边，在风中唱歌跳舞。

不要忽略它们，孩子，我们的眼睛永远不要忽略掉美。你要欣赏它们的身姿和歌声，你要因为它们而感到生活的美好。不管你的旅途多么遥远，不管你的道路如何艰险，你都要和鲜花交谈，哪怕只用你喝点水、洗把脸的时间。

不要看不见满径的鲜花。但我要告诉你，当你沉浸在花香中的时候，不要忘记赶路，不要为一朵花停留太久。

你只是一个过路的人，孩子。你要去的是前方，你的旅途依旧漫长，你的鞋子依然完整，你的双眼依然有神，你属于远方，而不是这里。

不为一朵花停留太久。相信这条路的前头还有千朵万朵的花在等你。你要知道自己究竟要去哪里，在你没到之前，孩子，不要为一朵花停住脚步。

你去的地方是远方，孩子，你要知道，那是很远、很远的地方。

（六）做阅读笔记是主动学习的一种体现

阅读笔记帮助我们成为学习的主人。选择自己喜欢的书，一方面可以扩大知识面；另一方面，在做阅读笔记的过程中，可以促进思考，锻炼欣赏辨别能力、感悟能力、思维能力及创造能力。这样，学习就真正建立在自主探索的基础上，达到了自主学习的培养目的。

（七）阅读笔记还是提高我们读写能力的一个有效途径

通过大量的阅读以及相应的阅读笔记，读、想、写结合，可以使我们快速把握阅读材料的内涵和结构，并用简明达义的语言提炼出来。同时，可以对原文中的妙句进行学习借鉴，这对提高我们的语言技巧、阅读技能、概括能力及写作能力等都有很大益处。

（八）做阅读笔记还可以帮助人格的健全发展

研究表明，坚持做笔记对学习者思维的条理性、逻辑性，对个体的意志力和统筹兼顾的人格特点有促进作用。这对发展积极健全的人格有很大好处，使我们具备那些成功者拥有的品质，为日后的成功奠定基础。

这些留在纸张上的思想和文字，每当拿出来翻阅，都会回忆起当时学习的愉快体验；或是对知识的如饥似渴、孜孜不倦；或是当时的生活情景，并且每次总会有新的收获，常读常新。

阅读笔记的形式

老师经常提醒我们课外阅读要做阅读笔记，自己有时也会随意地记下一些自己感兴趣的阅读内容或思考，那么，有没有认真思考过具体的阅读笔记常会有哪几种形式呢？下面，我们来具体看看阅读笔记都可以采用哪些方式。

（一）索引式

学习者把自己阅读的书名、作者、出版社名称等总汇起来，编成索引。写明文章题目、作者、出处以及刊发时间等。这样便于日后查找原始资料，并且体现了对别人劳动成果和知识产权的尊重。养成这个好习惯，对我们以后写论文也是有好处的。

例如，一位同学在阅读了一篇课外读物之后，认为对自己的人际交往有很大的启发作用，于是就把文章的来源做成了索引，以便于日后查找：

《人性的弱点》[美]戴尔·卡内基.中国发展出版社：《善于从他人角度考虑问题》.p180.

（二）提纲式

采用纲要目录的形式将一本书或一个章节、一篇文章的主要内容提纲挈领地记下来，可以按原文的章节，段落层次，可以按一定的思路重新整理归纳后的纲领，也可以用图表来表示内容结构之间的联系，形成结构图。在阅读时常做这样的提纲式记录，能帮助我们更深入地理解文章的主要内容及其中心思想，还可以帮助我们提高剖析文章、对材料的组织和概括能力。

（三）做符号式

这是最常用的阅读笔记形式。在日常读书看报的时候，如果遇到精彩之处或对自己有用的句子，我们都可以用各种符号将要点、难点、疑点等标出来，这样，下一次再看的时候就比较有目的性了。常用的符号有：在文字下方圈点、打叉、划单线、双线、直线、波浪线、小三角（△也是较常用的符号之一）；在自己不大明白的地方，则可以用红笔打一个问号（？），便于之后向别人请教或自己查询。

例如，一位同学在参考资料上看到一道数学题之后，不是非常理解，就做了很多符号，以便于自己以后的思考：

例题：某公园要建造一个圆形的喷水池，在水池中央垂直于水面竖一根柱子，上面的 A 处安装一个喷头向外喷水。连喷头在内，柱高为 0.8m。水流在各个方向上沿形状相同的抛物线路径落下，如图 1 所示。

根据设计图纸已知：如图 2 所示直角坐标系中，水流喷出的高度 y（m）与水平距离 x（m）之间的函数关系式是 $y=-x^2+2x+\dfrac{4}{5}$

（1）喷出的水流距水平面的最大高度是多少？

（2）如果不计其他的因素，那么水池至少为多宽时，才能使喷出的水流都落在水池内？

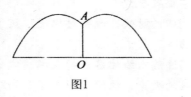

图1

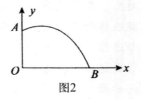

图2

解题思路：

（1）喷出的水流距水平面的最大高度可以转化为求函数 $y= -x^2+2x+\frac{4}{5}$ 的最大值。

那么，$y=-(x-1)^2+1.8$

当 $x=1$ 时，y 取最大值 1.8。

（2）问题（2）可以转化为求图 2 B 点的横坐标；

由图 2 可知，B 点所对应的 y 值为 0，那么，可转化为求方程 $-x^2+2x+\frac{4}{5}=0$ 的解，并且 $x>0$。

此外，叹号表示句子表达的精彩，双线表示重点，等等。对于这些符号各自代表的意义应保持前后一致，形成个人风格，在日后翻阅时也要清楚明了它们各自的意义。这些符号是对材料进行思考、分析、综合的过程，又可为日后复读、翻阅作提示。

（四）抄录原文式

读书过程中，我们常会发现一些自己非常喜欢的优美词句、名言警句、公式、数据、范例、典故等，那就把它记下来吧。但"好记性不如烂笔头"，又或者这书不是自己的而要还人的，所以，记住它们的最好方法就是把它们抄下来。它不仅能提高我们的欣赏审美能力，更重要的是积累了作文的素材，方便自己运用。

所以，建议各位同学可以自备一本摘录本，专门摘录自己喜欢的好词、佳句、公式、范例等。当然，摘录是"多多益善"，但还是要"精益求精"。如果所摘录的原文过于冗长和烦琐，为了节省时间和篇幅，可以简略地写清原文的意思，进行缩写。

例如，我们看下面一位同学的阅读笔记，该同学采用的是摘抄原文的方法：

给帮过自己的人一份礼物

你会在某一天踩着满地阳光到达目的地。孩子，只要你的身体里流着奔腾的热血，只要你举着火把吓退野兽，你就早晚会抵达那个你想要去的地方。那是远方，那是幸福之乡。

就在你打点行装，准备返回的时候，我要对你说，孩子，别忘了为那些帮过你的人准备一份礼物。

你要记住在旅途上，你喝过别人给你舀来的泉水；你吃过别人给你送上的食物；你听过一位姑娘的歌声；你问过一个孩子的路；你在猎人的一间小屋中度过一个漫漫黑夜。要记住他们，孩子，你要记住这些人的声音、容貌。在你返回前，你要为他们准备好礼物。

你要把几条丝绸、几块好看的石头细心地包好。你要给姑娘准备好鲜花；你要给老人准备好烟丝；你要想着那些调皮的孩子，给他们的礼物最好找也最难找。

带上你在路上看过的风景、听过的故事，再带上你的经历和感触，在燃着火的炉边，讲给他们听。这些就足够足够了。

告诉缺水的人们前头哪里有水，告诉生病的人哪种草药可以治病，把你这一路的经验告诉他们，把前方哪里有弯路告诉他们。

这些都是最好的礼物。

不要忘了给帮过自己的人准备一份礼物，孩子，只有这样，你的这次远行才算没有白走。

此外，为以后查找原文方便，我们在摘录完之后，最好在句子最右边写上"摘自"两字，后面接着注明作者、书名（文章名）、出版社、出版时间、版次及页码等。

（五）纠错式

我们在阅读时，对书中的错误，包括错误的观点和不当的事实等以笔记的形式改正，这样不仅可以提高自己的学习效率，还可以培养自己的阅读兴趣。

例如，一位同学在一篇课外文章中看到这样一句话"他对于我笑了笑"，认为作者没有把介词"对"和"对于"区分开来，于是他就查找资料，认真对二者进行了区分，以便加深自己对这两个词的理解。我们来看一下这位同学的笔记：

["对"和"对于"的区分]

"对"和"对于"都是表示对象的介词，在实际运用中常常用错，怎样区别并正确使用"对"和"对于"呢？一般地说，凡是可以用"对于"的地方，都可以用"对"；但是有的用"对"的地方不能用"对于"。大致在如下两方面是这样：

一、表示人与人之间或人与事物之间的对待关系时，只能用"对"，不能用"对于"。例如：

他对我很热情（√）他对于我很热情（×）

对党忠诚老实。（√）对于党忠诚老实。（×）

二、相当于"跟""朝""向"的意思时，只能用"对"不能用"对于"。例如：

如：我对他说过了。（√）我对于他说过了。（×）

他对我笑了笑。（√）他对于我笑了笑。（×）

不对困难低头。（√）不对于困难低头。（×）

（六）评荐式

在阅读后，如果觉得文章精彩，有深刻意义和价值，我们可以写出评论，推荐他人阅读，形成共同学习、相互交流的良好学习气氛。在班级中，我们可以几个人组成一个小组，相互交流、推荐自己喜欢的阅读书籍。

（七）比较式

我们可以针对同一问题，阅读多本书或文章，把所看到的对该问题陈述的事实和发表的观点予以归纳总结，比较评判后写出评论或自己的观点。这样不仅可以使思路更加清晰，还有利于以后的复习。

（八）阙疑式

把我们阅读过程中感到不理解、不明白或有歧义的地方记录下来，以备以后与他人讨论或请教。这不仅可以扩大视野和知识面，还可以锻炼思维能力。

（九）卡片式

这是读书笔记中最为小巧灵活的一种方式。卡片用较厚的纸张按一定的规格裁制，不必装订。可用以集中地摘记同一著作或同一专题的资料，也可用以分别地积累各种书文中的资料，然后再归类保存，以备取用。据载，鲁迅先生写《中国小说史略》时记了 5000 张卡片。

这种方式非常实用。我们可以在小卡片上记录名言警句、单词短语、语法知识、公式定律和心得感悟等，卡片简小轻便，可以随时随地拿出来学习，也有利于提高学习兴趣。

（十）评点式

这是对唐宋以来的诗文评点，明清以来的小说评点的传承。我们既可以在所读书文的首尾、章节的前后、段落左右的空白地方、字里行间加以简明的批注、评说，如"妙极了""用得好""我赞同"之类，又可用各种符号在紧要处、精彩处用不同颜色的笔来圈画、点染。

批注的内容很灵活，可以是对词义的理解、句义的分析、段义的概括和表现手法的说明，也可以是由此及彼的联想。批注比较方便易行，可以边读边记。

（十一）心得感悟式

心得感悟式也叫读后感式，是一种比较正规的笔记形式。学习者将自己阅读后的体会、感悟、反思、启发、收获等，用自己的语言写成文章、札记、随笔，也可以适当引用原文的句子，采用夹叙夹议法。文章不拘长短，有感而发即可。

当然，每个人的感受可以不尽相同，"一千个读者就有一千个哈姆雷特"，我们每个人都可以从自己独特的视角对所读作品发表自己的见解，重点是一定要写出自己的感悟。

随着高科技技术的普及，阅读笔记的各种传统方式都可借用电脑、录音笔、数码相机等现代媒介，变得更为方便、快捷，但是它们只能作为一种服务手段，为我们所用。

阅读笔记与课堂笔记相得益彰

阅读笔记与课堂笔记的关系究竟如何呢？课堂笔记主要是针对要求我们掌握的知识和技能所做的记录，而阅读笔记更多的是我们的兴趣爱好，是对课堂知识的扩充。因此，阅读笔记是课堂笔记的辅助与扩展，课堂笔记则为阅读笔记的内容指明了一定的方向，二者相辅相成，相得益彰。如果能将二者很好地结合利用，我们一定受益匪浅。

下面我们来看一位2008年考入清华大学的同学讲述他有关做笔记的亲身经历：

我常见到不少学生，特别是一些新同学，在课堂上一个劲儿地记笔记，教师讲什么他就记什么，教师在黑板上写什么，他也跟着写什么，一堂课下来笔记记得很多，人也很累。我还发现这些学生的笔记，下课后一般都无法进一步整理。

他们中间虽然不少人很用功，但学习效果往往很差，因为他们在课堂上光忙着记笔记去了，没有注意听讲，没有积极地去思考问题、弄懂问题。他们的学习方法，就叫做上课记笔记、下课看笔记、考试背笔记。我上学也这样干过，效果很不好。

后来，我向一位学得好的同学去请教。那位同学说，你不要这样上课光忙着记笔记，你坐在那里首先要仔细地听，教师问什么问题，你就动什么脑筋，真正听懂了，你就记；如果没听懂，你就不要忙着记。我照这个同学讲的办法去试了一试，开头还好，后来觉得还是不行。

我又再去问这位同学记笔记还有什么诀窍？他说还有一条，上次没告诉你，每次下课时，你不要跟一般同学一样，站起身来就跑了。你不要走，下课后，先要好好地想一想，这堂课教师讲了些什么问题？它有几层意思？每层意思的中心思想是什么？这样静静地用不到一分钟的时间去思考一下，可以巩固你一堂课听的内容。

当然，这样还不够。每天晚上，你还要根据课堂上听到的和下课后想到的，写出一个摘要来，大概一堂课不超过一页吧，这一步很重要。以后，我就照他讲的去做，效果确实不错。

相关链接

著名教育家陶行知先生曾向青年们推荐读书的十大"秘诀"：

一序，由浅入深，循序渐进；

二勤，业精于勤，荒于嬉；

三恒，持之以恒，锲而不舍；

四博，从精出发，博览群书；

五问，不耻下问；

六记，多动笔墨，多做笔记；

七习，温故而知新；

八专，专心致志，专一博广；

九思，多加思考，学会运用；

十创，触类旁通，敢于创新。

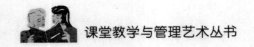

笔记的使用

如何使用课堂笔记

课堂笔记使用价值可以分为两方面：一方面，在于它的格式，那是我们思维习惯的具体化；另一方面，在于笔记的内容，那是一种经过整理和提炼的结构化知识。其实这两个方面在之前已经反复提到了，下面的内容既是介绍了笔记的运用，又从笔记的使用角度对这两个方面进行进一步的阐述，相信能够帮助大家更好地理解它们的意义和价值。

（一）课前预习

我们知道教材和老师安排的课程一般都是一个连贯的连续体，课程前后之间是有关系的。特别是对理科来说，往往同一主题的课程是由易到难，逐层深入的。在这种情况下，前一节课的笔记就等于当下这节课的基石。

好比一个小孩子想要摘树上结的苹果，但是他年龄小，身子很矮，即使使出全部的力量跳起来也不能碰到苹果。于是，他就去附近找了一些废弃的石板，把几块石板叠起来垫在脚下，想要踩在石板上跳起来去够苹果，石板的厚度加上他能够跳起来的高度看起来正好能摘到苹果。

但是，想要站在叠起的石板上稳稳地起跳和落下并不容易，必须把石板叠整齐了、放稳固了，抑或者请他的小伙伴扶住石板，以避免跳的时候摇晃甚至散塌。只有这样，站在上面的小孩子才能够放心地起跳，并且摘到红彤彤、香喷喷的苹果。

回到我们的学习中，之前学习的知识就是那些让我们变得高大的石板。而学习新知识则像"跳一跳，摘果子"，凭现有的水平，我们无法直接理解新课的知识点，就像站在石板上的小孩子抬起手来却还是摸不到树上的苹果。但是在老师的帮助下，我们努力发展自己的本领，逐渐掌握新的知识，这就像经过多次试跳最后抓到了苹果一样。踩在我们的脚下的石板就是我们的旧知识，它越稳固，我们就能跳得更好、更高。

由此可见，课前将前几节课学的知识复习一下，对学好下一节课的内容是非常重要的。而笔记正是一个帮助我们复习旧知识的好帮手。有的同学会选择看书复习，但是我们前面已经反复提到，有时候教科书上呈现知识的方式不一定是最合适的，教科书帮忙堆的"石板"可能不是最有利于起跳的。

最适合的呈现方式在哪里呢？没错，就在自己整理的笔记里。

只有踩在自己堆的"石板"上，你才能跳得最棒。因为你最清楚你的鞋子在跳跃时能给你多少弹跳助力，以及跳跃时用力的方式。即使你堆的石板在其他人看来不是那么严丝合缝，甚至别人站在上面起跳摘不到果子不说，还有可能跌伤，但是对你来说那是最好的摆放方式，因为那最适合你。

在翻看笔记的过程中，除会看到知识之外，你还可以看到很多自己在学习前一节课时的心得。那有可能是一个小窍门，也有可能是一个小教训，这些你自己给自己的"小贴士"，就像从过去那些"失败跳跃"中总结出来的经验，相信它们一定会帮助你以更加稳健的姿势起跳。

对于那些天天都会上新课的主科，整理当天笔记的过程本身就可以看做在为下一节做准备了。而对于间隔比较大的副科来说，就有必要在课前特地把上一节课讲的笔记拿出来看一下。

不知道各位同学有没有发现，其实老师经常会在新课开始之前复习一下前一节课的知识点，这也是想帮大家整理一下脚下的"石板"。但是老师的复习方法不一定对每个人都是最好的，其中的道理前面已经反复强调了好几遍，就不再赘述了。

（二）课上理解

在课堂上使用笔记一般可以有两种形式：一种跟上面一点基本相似，就是复习旧知识。有时候，一边听课一边有意识、有方向地加固相关的旧知识点比提前看看笔记的效果更好。就像面对一辆有故障的自行车，我们光靠肉眼观察很难找到故障在什么地方，只有让它工作起来，骑着它走一段路，用我们的身体去感受，才能发现到底哪里有问题。知识的价值在于运用，因此在运用中，查缺补漏是最行之有效的学习方法之一。不过这个方法有一个缺点，就是会让我们分心，有的同学可能因为这种频繁的分心而跟不上老师的讲课节奏，从而影响了新知识的学习，这就得不偿失了。所以，究竟怎样发挥笔记的课前复习功能，就需要大家自己去尝试和判断。

另一种形式就是根据自己的笔记格式记笔记。如果你很关心自己的学习方法（自己正在用什么学习方法？这些方法的效果是不是好？），久而久之就能形成对于自己来说效果很好的方法。这种方法的一种表现形式就是你喜欢的一套笔记格式。

比如，有的同学喜欢把重要的数学公式和符号整理在旁边，以方便自己记忆和使用，于是，他就会在笔记本上专门画出一栏来整理公式。又比如，有的同学喜欢用具有代表意义的例题来巩固知识点，那么他的笔记本上就有可能留出一个区域抄写例题。

这些学习方法都可以在笔记格式中体现，而按照这样的笔记格式听课，就是帮助我们用自己的思维方式接受和组织老师传授的新课。同时，按照笔记格式记的课堂笔记，还省去了重新抄写整理的功夫，使我们记笔记的效率更高。

最重要的一点是，这样的过程还是在帮助我们不断使用自己探索和发明出来的学习方法，一方面可以巩固自己的原创方法；另一方面这也有助于它在实践中得到进步和完善。

（三）课后学习

课后，老师一般会安排学生做一些练习，大多数学生也会主动去阅读一些课程内容涉及的相关书籍，这两者都是帮助学生巩固和扩展所学知识的有效途径。在做练习和参阅书籍的时候，一定也会得到很多启迪和收获。

例如，我们找到了一个精辟的表述方式（如用"同性相斥、异性相吸"来描述磁铁的性质），发现了一种更快更好的解题思路或者碰到了一个常用单词的生僻用法（如 back 作为动词表示"支持"），这都是非常珍贵的学习成果。让这些很有价值的小小闪光点轻易溜走未免就太可惜了，可如果随手将之记在书上或者作业本里则又太过零散了，不利于整理和复习。

这个时候，课堂笔记本就可以大显身手了。我们可以将这些零散的小知识、小技巧记录到笔记里相应的板块中，比如把"同性相斥、异性相吸"记录在物理笔记中关于磁铁性质的相关章节中。在这里，要再次提醒各位同学，在自己的笔记本上要留出适量的空白区，以便这样的小知识能够不断地补充进来。如果没有开辟专门的留白区，我们也可以通过变换笔的颜色来使新加入的内容不与原来的笔记混淆。

总之，不要放过你智慧的"散兵游勇"，及时将它们收编到你的笔记大部队中来。久而久之，你的笔记就会变得越来越强大，你也会见识滴水穿石的力量。

（四）课后记忆

前面我们介绍的"艾滨浩斯遗忘曲线"，相信大家还记得。它的重要启示就在于，新学的知识必须及时复习才能更好地把它保留在记忆中。经过整理加工的笔记是用来记忆知识的最好材料。

前面已经提到过，越是有意义的材料，就越是不容易忘记。而做的笔记是最有意义的，因而以这样的形式呈现的知识最有利于我们记忆。

相信很多同学都对死记硬背的费时费力深有体会，这种记忆方式基本不是建立在理解的基础上，而是逼迫我们花大量时间机械地去重复知识。这样做不但浪费了宝贵的时间和精力，还消耗了学习热情，使得学习变成一件索然无味的事情。而对于已经理解的知识，只要稍作背诵就能够轻松地记忆和掌握。相信捧着你那格外"亲切"的笔记本，你会发现自己的"记忆力"越来越好了，那是因为方法改进了，效果自然也就提升了。

（五）考前复习

如果平时的笔记记录和整理工作做得好，那么笔记就是你考前最佳的复习材料。

复习一个知识点，笔记会比教科书、辅导书和老师的讲解完成得更出色。因为它是一个因"你"施教的高手，它会用你最容易明白的方式向你解释某个知识点。在考前这样时间和精力都比较紧张的情况下，笔记——这位对你了如指掌的"小老师"，就能充分发挥它的优势，帮助你又快又轻松地梳理思路，统筹整个知识系统。

如果在课上和课后的学习中已经把教科书、练习册和辅导书中的相关知识点归置到笔记中来了，那么在复习的时候就不必花很多时间在这些材料中了。不过老师在复习课上的安排往往会与教新课的时候有所不同，这个时候跟着老师的思路对照着笔记进行复习，相信会让你的复习效率变得更高。

除了知识的复习，你的笔记中还可能会有很多实际解题中十分有用的小技巧、小贴士。比如，"容易漏写负号""容易忘记开根号""available 总是容易拼错"……这些在上一节中提醒大家在学习实践中要用心收集和积累的细节在考前复习就显得尤为重要。

考试的目的除测试我们的知识掌握得好不好外，还考察我们是否能在有限的时间里快速而又准确地运用这些知识来解决问题。有些学生对知识是理解的，也记住了，但是在考试中却没有能够发挥出自己的真实实力。这种现象有一部分的原因就在于考试的时候学生是面临压力的：时间是有限的，面对的题目又是陌生的，而且还背着考试分数这个甩不掉的"无形包袱"。在这种环境下就很难顾及各个小细节，所以有的同学一到考试的时候，自己那些小错误就集体复发，而且这些不起眼的小错误造成的损失确是巨大的，这与考试环境时候的特殊性是有关系的。

但是如果可以在考前集中地把这些小错误"扫荡"一遍，就可以减少在考试中"犯错"的可能性。你爱犯哪些小错误，到底谁最清楚呢？没错，当然是你自己！老师上的课、教材、课外辅导书都不可能帮你总结出你的小错误。虽然它们都是针对大多数同学设计的，整理出来的也是大多数同学会犯的错误，但那些不一定对你适用。最适用你的在哪里呢？当然在你的笔记本里。

在上一节中，就建议大家在笔记本里专门建立一个收集错误的小板块，将自己在做实际练习中犯过的各种错误集中到这个版块里来。这些错误往往暴露了学习中的缺漏和不足。

就像一艘大船的船身上难免有一些小小的损伤。当大船在平缓河流里航行的时候，这些损伤可能并不一定会造成什么影响，即使产生了影响，水手也腾得出手立即补救。但是如果大船驶进了天气多变、波涛汹涌的大海里，水手忙于应付电闪雷鸣和惊涛骇浪的侵袭，是否还能顾及这些小损伤呢？然而，面对凶猛的海浪，小损伤却很容易马上变成大窟窿，使海水大量灌入船体，带来不可预计的损失。那么，我们为什么不能未雨绸缪，在航海前去对这些小损伤进行修补和加固呢？

在这个比喻中，笔记就是一份船体结构图和航海日志，告诉我们在船的哪个部分曾经发现过问题，引导我们一一检查和修缮，让我们这艘勇猛的"大船"自信满满地驶进考试的云涛飞浪中。

（六）考后反思

继续借用上面提到的例子，虽然大风大浪给航行带来麻烦，但是能让人对船的性能有了更多、更深的了解和洞察：哪些部件运作良好、哪些部件故障频出、船只在哪些情况下能乘风破浪、哪些情况下则颠簸飘摇……这都是非常有价值的信息。

俗话说"危难之中见真情"，越是艰难的情景下，很多本质的、深藏的东西就显露得更加淋漓尽致。如果从长远的眼光看我们的学习，那么考试就是一个灵敏试剂、一个诊断专家，会透露给我们许多珍贵的情报。这样重要的情报怎能让它轻易溜走？当然应该立即写进我们的笔记里！

与第三部分"课后学习"一样，将之补充到笔记中相关主题的留白处。

同样，考试中得到的教训和启发对我们的帮助也是再明显不过，原因还是一样，因为"最适合我们"。

至此，我们的"航船"又得到了一次修缮和升级。珍惜风浪中的经历，那会让我们走得更远更稳，笑对更多风浪。更重要的是，它让我们爱上航行，因为那个过程让我们感受到如何依靠自己的力量逐渐强大。

（七）课外资料查阅

经过精心加工和培育的笔记，其实是展现了我们对于某个科目的认识方式和学习成果，它告诉我们：我们是怎样学习和理解这门课的；我们学习到了什么；我们理解到了什么。它就像一个我们自己构建起来的王国，有条不紊。它有一套自己的管理机构和管理制度，管理着万千民众。那么，为什么不把我们的领土再向外扩张呢？它不应该仅仅局限于课堂知识。

在笔记的引导下，我们可以再去查阅更多的课外书籍，把相关的知识和感悟再归置到我们的知识结构中来。就好比按照自己的管理方式去吸纳更多的"臣民"，使他们幸福地生活在我们的制度下，我们的王国也将变得更多元、更丰饶。

比如，最近的英语课恰巧在教授定语从句，你参考了课本、老师上课的例句，自己整理出了三大类定语从句的基本句型，这三类句型就是对定语从句这一语法的理解。那么，我们在课外阅读英语报刊的时候，就可以有意识地从这三类句型的角度去注意遇到的句子，如果遇到好的例句就摘录到笔记里，使句型分类更充实。

虽然课堂笔记的用法跟阅读笔记有一些类似，但它是紧密围绕着课程内容的，是从课程内容出发，是以课程内容为导向的。

（八）改善学习方法

前面已经讲到了，笔记向我们展示了我们是如何学习知识的。比如，语文笔记告诉我们，学习语文的方法是比较注重积累的，我们有特殊的板块用于收集文言文阅读中遇到的通假字、一词多义，有特殊的板块整理著名作家的背景资料和主要作品，还有特殊板块集中了我们通过理论结合实践总结出来的阅读技巧。

又比如，物理笔记告诉我们，学习物理的方法是比较注重清晰的逻辑结构配合综合例题的，我们的笔记中有很多相互连接起来的公式和知识点，在有些知识点的旁边则标注了课本、练习册或课外辅导书的某一个具体页码，以便于我们找到相关的例题。

只要站得高一点，就可以透过我们的笔记发现学习方法。可以说，笔记把我们的学习方法具象化、直观化了，从而让我们更容易对学习方法进行修改和完善。

有的同学发现自己有一门课一直学得不好，但又不知如何去改进，因为他连原先自己是怎样学的都不清楚，在这样的情况下谈何改进学习方法呢？而有了笔记，我们在改进学习方法的时候就有着力点了，我们知道去哪里找不足、找缺陷，并且在旧有基础上提升。

其实，可以帮助我们诊断学习问题，改善学习方法的，除了我们自己，还有同学、老师、家长。一来，他们"旁观者清"，可以比"身在此山中"的我们看得更清楚更客观；二来，老师和家长有更多的学习经验，心智方面也更为成熟，他们往往能看得更多、更深、更远。

而身边的同学则因为他们是跟我们一样的学习者，所以提出的建议从他们的实际经验出发，也会让你受益匪浅。在向这些人征求意见、寻求帮助的时候，我们的笔记就是最生动的材料，能让他们迅速地知道我们是怎么学习的，可以在何处进行调整。

如果能按照上面几个方面去使用你的笔记，并在使用的过程中完善和充实你的笔记，你会发现，你的笔记本不仅仅是一般意义上的笔记本，而是一本学习日记。记录了你学习中的点点滴滴，那里有你学到新知识的兴奋与困惑，也有你课后思索时的沉静和睿智，有考前的忐忑不安，也有考后的再接再厉。它就像一列奔腾不止的列车，永远在欢快地前进，带着学习的永恒乐趣，与你同在，与你共勉。

如何使用阅读笔记和活动记录

与课堂笔记不同，读书笔记和活动记录的主要目的在于积累材料，因此使用方式和情形就各不相同了，依照其内容，难以归纳出统一的模式。

例如，读了一本科普书记下的笔记可能为物理课上老师讲到相关内容的时候提供参考，也有可能在生活中遇到什么麻烦的时候作为解决问题的方法。可见，关键还是在于你有没有使用笔记的意识。

第十章

工具书的排检方法

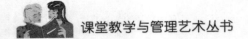

形序排检法

形序排检法是按汉字形体结构的某些共同特点进行排检汉字的方法，包括部首法、笔画法、笔顺法等。

部首法

部首法实际上是对汉字偏旁的分类（即将相同偏旁的合体字归为一部），每部统属的字再按部首（即列于该部之首的偏旁）笔画来排检汉字的一种查字法。

部首法起源于东汉许慎编的《说文解字》，该书以小篆字体为准共列540个部首。随着汉字形体的改革与发展，部首几经归并为214个，并经《康熙字典》采用后遂得通行，故亦称为"康熙字典部首"。旧版《辞源》、《辞海》及《中华大字典》等辞书，都采用这种方法。

中华人民共和国成立后，新编辞书对康熙字典部首又进行了多次改革。《新华字典》简化为189个，《现代汉语词典》减为188个。《辞海》（1979年版）在214个部首的基础上进行删除、分立、改立或新增为250个部首。1982年，中国文字改革委员会和上海辞书出版社又将其重新调整为200个，并据此编成《汉语大字典》《汉语大词典》。部首法不仅用于编排字、词典正文，而且也广泛用于编排字、词典的辅助索引和各种目录、索引等检索工具。如《现代汉语词典》《四角号码新词典》等部分为正文编有部首索引。

要利用部首来查检不辨音义的字词，就要掌握各辞书的定部原则。例如《康熙字典》《说文解字》《汉语大辞典》等的部首即"以义定部"为原则，更多地体现了以汉字为表意体系文字的特点，如六书中的象形、指事、会意、形声都是造字之法，从中可辨别本义。如象形之日、月；指事之上、下；形声之江、河；"信"从人、从言是为会意等。1979年版《辞海》则按"字形定部"。同是一个"相"字，以义归部定"目"部；以字形定部取"木"部。对各辞书的定部原则可通过其"编辑凡例"或"部首查字法查字说明"等来了解其具体方案。

部首法具有如下优点：

（1）部首法历史悠久、使用广泛；

（2）基本适应汉字的结构特点，多数汉字与部首有联系；

（3）基本符合人们从形查字的习惯和要求，便于查检不会读音的生字。

同时，部首法也具有如下缺点：

（1）部首的位置不固定，有些字难以确定部首；

（2）同笔画的部首字及同部首内的字，排列次序存在二义性。

部首法是我国工具书中传统的排检方法，在今天仍然是汉语工具书中基本的、常用的排检方法之一。

笔画法

笔画法也称笔数法，是以汉字的笔画数为序来排检汉字的查字法。这种排法的工具书很多，诸如《中国人名大辞典》《马克思主义辞典》《室名别号索引》等。其他一些工具书也编有笔画索引，如《辞海·经济分册》《中国历代人名辞典》《经济管理大辞典》以及《辞源》的《难检字表》等。

笔画法的基本形式是：汉字笔画少的居前，多者居后。第一字相同的，依第二字笔画数为序，依此类推。笔画数相同的，看起笔笔形。笔画和笔形均相同的，看字形结构，先左右形字，次上下形字，后整体形字。

笔画法原理简单，好学，好记，容易掌握，只要能数清需检字的笔画数，按笔画数查即可。但是这种检字法也有一些比较明显的缺点：

首先，要查繁体字，数起笔画来特别费时间，一些连笔结构的字、简体和繁体字、旧字形与新字形、书写体和印刷体等，也很难分清与数清楚。有的学者曾对98名文科大学生进行测试，能准确回答"亞"字是8画的，只有48人，不少学的答9画、10画，甚至有的学生答11画。对于这个问题，可用多加或减少一二画的办法再来查解决。

其次，同笔画的字太多，特别是15画的，查找麻烦。据统计，常用的3507个汉字中，有164个8画的、163个9画的、191个10画的、191个11画的、192个12画的、149个13画的、117个14画的、136个15画的，在47000多字的《康熙字典》中，12画的达3642个，比常用字的总数还多。

再次，有的字在不同的工具书中规定的笔画数不一样，如"極"在《中华大字典》和《康熙字典》内，均列入"木"字部，而前者编到11画内、后者则排进10画里，给检索者的笔画把握带来困难。所以有些工具书常把此法与能够克服其缺点的部首法或笔形法等排列法混合使用，如《十三经索引》《室名别号索引》《中国人名大辞典》等都将多种方法混合到一起对资料进行编排，于书前或书后附有关检字表，以方便使用者。

笔顺法

笔顺法是按照汉字的笔形顺序排字的方法。第一笔相同者，以第二笔为序，第二笔相同的，以第三笔为序，依此类推。

汉字的基本笔形有点、横、竖、撇、捺、折（丶、一、丨、丿、乀、乛），书写起笔只用（丶、一、丨、丿、乛）5 种笔形。有的只用第一笔（起笔）笔形；有的用各笔的顺序排列，而且笔顺也不一致。

笔顺法最早出现于清代的档案中，按"元亨利贞"（一、丶、丿、丨）和"江山千古"（丶、丿、丨、一）几个字的起笔顺序对档案资料目录进行排列。近现代的目录是按"寒来暑往"（丶一丨丿）的起笔顺序排的。《汉语大辞典》的《部首总表》及其条目单字的排列则以"一、丨、丿、丶、乙"为序。而《辞海（1979 年版）》的《笔画查字表》却以"一、丨、丿、丶"的起笔笔形为序。

用笔顺法编排的工具书检字时，如果不熟悉笔顺，可参阅"汉字母笔顺排列单字表"与"母笔顺排列提要表"。

用部首法和笔画法、笔顺法编排的工具书各有优缺点。在使用前除需通读各工具书的有关编排说明外，还应充分利用其为正文所编的各种辅助索引，以弥补单一途径检索上的不足。

音序排检法

音序排检法是按照字音及表示读音的音符顺序排列汉字的方法。包括汉语拼音字母排检法、注音字母排检法、韵部排检法等。其优点比较精确、简洁，缺点是不知读音就无法查字。

汉语拼音字母排检法

汉语拼音字母排检法是依据 1958 年第一届全国人民代表大会第五次会议批准的《汉语拼音方案》产生的。以《汉语拼音方案》的字母表顺序排列字头，同一字母的再逐一类比，定其先后，如《汉语主题词表》，同音字再按声调（阴平、阳平、上声、去声）排列。目前多数中文工具书和索引都采用汉语拼音字母排检法排列正文条目，如《列宁全集索引》《现代汉语词典》《新华字典》《韩非子索引》等。《中国大百科全书》的条目编排还辅以笔画笔形。

汉语拼音排检法的基本形式是:

(1) 汉字按汉语拼音字母顺序排列。

(2) 第 1 个字母相同的汉字,依第 2 个字母的顺序排列;前两个字母相同的,再依第 3 个字母排列。其余类推。

(3) 声母和韵母均相同的汉字,按声调阴平、阳平、上声、去声的顺序排列。

(4) 读音完全相同的汉字(即声母、韵母、声调均相同),按起笔笔形(一、丨、丿、丶 等)顺序或笔画数量排列。

(5) 复音词先按第 1 个字的音序排列,第 1 个字相同的,按第 2 个字的音序排列,第 2 个字也相同的,按第 3 个字的音序排列,其余类推。

1958 年《汉语拼音方案》公布以后,按汉语拼音排检工具书成为一种最主要的方法。1982 年,国际标准化组织承认汉语拼音为拼写汉字的国际标准,汉语拼音开始走向世界。

汉语拼音法的优点是排检方法简单,查找方便。但由于它是以汉字的读音作为排序依据,如果遇上不知道读音的字,便难以查找了,这又是它的缺点。

注音字母排检法

此法是 1913 年读音统一后以过去流行过的一套北京语音为标准的字母制定、1918 年北洋政府颁布实施的。1920 年对字母顺序进行了调整,并增加了声母 24 个、韵母 16 个。

中华人民共和国成立前后,不少的工具书都使用这种方法编排,如《国语辞典》(1937 年版)、《新华字典》(1956 年版、1959 年版)等。拼音规则大体与汉语拼音字母相同,以注音字母排列的工具书为先声母、后韵母,同音字再依四声为序排列,如《同音字典》(1957 年版)、《汉语词典》(1962 年版)等。此法在汉语拼音方案出台之前一直比较流行。现在的汉字注音仍用其字母注音。

韵部排检法

韵部排检法也称"声韵法",是我国古代按音韵排列汉字的一种方法。按韵部编排的字典称为"韵书",音韵的编排是依据各种韵书而定的。

古代韵书把同韵的汉字归并集中在一起,称为一个韵部,每个韵部都用一个汉字来代表，这个代表字便称为韵目。韵目排检法的基本形式是：先将汉字按平、上、去、人四声分类，每一声类内的汉字按韵目顺序排列，同一韵目的汉字再依小韵排列。

我国在不同的历史时期有不同的韵部。隋代的《切韵》分 193 韵，唐代的《唐韵》、北宋的《广韵》与《集韵》都为 206 韵，南宋的《礼部韵略》合为 107 韵，金元时期进一步并为 106 韵，明初的《洪式正韵》又合成 76 韵。它用汉字标音，以汉字韵母分部类，各部挑一个有代表性的字作"韵目"，故又称韵目排检法。该法韵部的划分依据主要是《广韵》的 206 个韵部、《诗韵》（又名"水平韵"）的 106 个韵部，后者使用的较多，是古代工具书的一种主要排检方法。

106 韵分上平声 15 韵（1 东、2 冬、3 江等）、下平声 15 韵（1 先、2 肖、3 肴等）、上声 29 韵（1 董、2 肿、3 讲等）、去声 30 韵（1 送、2 宋……29 艳、30 陷）、入声 17 韵（1 屋……16 叶、17 洽）。

使用 106 韵的工具书有《佩文韵府》《辞通》《经籍纂诂》《两汉书姓名韵》《两汉不列传人名韵》等；用 76 韵的有《永乐大典》等。必须说明的是，使用该法的工具书所收的词条，排列方法各不相同，有些是依首字分韵排列，如《九史同姓名略》、汗辉祖的《史姓韵编》等；也有的是以尾字分韵排列，如《历代地理志韵编今释》、《佩文韵府》、清朝末年李桓的大型传记资料集《国朝耆献类征初编》（附《通检》10 卷）等。

利用韵部编排的工具书来查字词，可通过新印本所附的索引先查出该字的前后，再按韵部去查。如新印本《佩文韵府》和《辞通》都编有首字四角号码和笔画索引。亦可先利用有关的字典查出该字的韵后再间接来查。

号码排检法

号码排检法是形体法的一种变形。它把汉字分解为各种笔形，并用阿拉伯数字作为代码，然后将其连成一组数字，再依数字大小为序排列汉字。这种方法的优点是号码位置固定，检索快；缺点是笔形取号不易掌握。号码排检法有多种，其中使用最为广泛的有四角号码法，其他诸如中国字皮撷法、三角号码法等则使用甚少。

四角号码法

四角号码法是根据方块汉字的特点而发明的一种查字法。分别以不同代码代表汉字四个角的笔形并连成为四位数的号码，再依号码大小为序排列汉字即成为四角号码查字法。四角号码查字法，具有不论部首、不数笔画，不知读音也能见字知码和按号查字的特点。但其取号规则繁琐，笔形辨认不准，取号也颇费周折。

四角号码最初是在 20 世纪 20 年代由商务印书馆的王云五提出的，《东方杂志》于 1925 年 6 月的第 22 卷 12 号发表王云五以个人名义撰写的《号码检字法》，1926 年 2 月又在第 23 卷 3 号上发表他的修改文《四角号码检字法》，自此，这一名称正式确立。

四角号码法把汉字笔形分为 10 种，分别用 0 到 9 作为代码。0 代表"亠"，1 代表"一"及其变形，2 代表"丨"及其变形，3 代表"丶""乀"，4 代表"十"及其变形，5 代表"扌"及其变形，6 代表"口"，7 代表"冖"及其变形，8 代表"八"及其变形，9 代表"小"及其变形。1926 年和 1930 年，胡适两次为《四角号码检字法》编歌诀，人们在运用过程中进行了不断修改，逐步形成一个《笔画号码对照歌》：

横 1　竖 2　3 点捺，又 4　插 5　方框 6；

7 角　8 八　9 是小，点下有横变 0 头。

取号时，依汉字的左上角、右上角；左下角、右下角的顺序分别取其笔形代码并联成一组，即为该字的四角号码。为便于排列，对号码相同的字还要取第五角作为"附角"号码写于末位数的下方以示区别。如"渍"，左上"丶"笔为 3，右上"扌"笔为 5，左下"丨"笔为 1，右下"八"笔为 8，四个角合起来是 3518。为区分同号码的字，再取最后一角的上笔为附号，用小字附在四个号码的后边。"八"的上笔是"丨"，为 2，故"渍"的全号是35182。

中华人民共和国成立后，有人对四角号码检字法又进行了修改，修改后名为"四角号码查字法"，亦称"新四角号码法"，并被广泛采用，如新版《四角号码新词典》《新华字典》《现代汉语词典》等。因此，四角号码排检法有新旧两种之称。

"旧的四角号码"具体的取号规则：一是字的上部或下部，仅有一笔或复一笔时，不论该笔在何方位，均作左角，右角为 0。如"宣"，左上角为 3，右上角为 0；"母"，左下角为 5，右下角为 0。每笔用后，再用时，代号都为 0。如："把"5701 左上角为 5，左下角就为 0；"斗"3400 右上角为 4，两下角则为 0。二是由"口朗行"笔形组成的字。三是四角改取内部的笔形，如"鞠"为 7743，"街"为 2110；若是这几种笔形的上下左右还有其他笔形，代号就不需按这条规则，如"菌"为 4460，"润"为 3712 等。取角规则：独立或平行的笔形，不论高低，都取最左或最右的笔形作角，如"非"四角为 1111。最左或最右的笔形，还有其他笔形盖在上面或托在下面时，取盖在上面的一笔作上角，托在下面的一笔作下角，如"字"左上角为 3，右上角为 0；"春"左下角为 6，右下角为 0。有两个复笔可用时，在上角的取较高的复笔，下角的取较低的复笔，如"盛"左上角为 5，"奄"左下角为 7。撇下有其他笔形索托时，取其他笔形作下角，如"碎"左下角为 6。同号字，取离右下角最近且最突出的一笔作附角，以便区分，如"刘"附角为 0，"王"附角为 4。

"新四角号码"法对旧法进行了修改：一笔上下两段与其他笔形成两种笔形的，分两个角取号。如"大"旧为 4003，新为 4080；"水"旧为 1223，新为 1290。外围为"行"一类字的，下部里面的笔画不再确定为角，均按外围取号，如"行街衙衡"的新号都为 2122。下角笔形偏向一角的，以实际方位代号，缺角者，作 0 记，如"气"旧为 8010，新为 8001。左边起笔的撇，以撇笔形作角，如"辟"旧为 7064，新为 7024。附角取消"笔形突出"的条件，都以右下角之上的第一个笔形代号码，如"工"旧附角号为 0，新附角号为 2。

四角号码法全用笔形代号排列，检索方便，一直在使用。很多不是用四角号码编排的工具书中也都附有四角号码索引，如《太平御览》《中国丛书综录》、《四库全书总目》等。不过，此法的汉字笔形分得较多，要给笔形代号，取角与代码的规则繁杂，不努力学习则很难掌握。

中国字庋撷法

中国字庋撷法，为原燕京大学引得编纂处于 20 世纪 30 年代为编制我国古籍索引时所采用的排检法。"庋撷"（guǐ xié）二字意为放入取出。该法以"中国字庋撷"代表汉字的五种形体结构，并用 Ⅰ～Ⅴ 为代码；再拆"庋撷"二字的笔形分为 10 种，用 0～9 为代码。其取号原理与四角号码法相似，但代码有别。如把"庋"字的笔画笔形分拆为"丶、一、丿、十、又"5 种笔形，分别用"0、1、2、3、4"作为代码；把"撷"字的笔画笔形分拆为"扌、纟、厂、目、八"5 种笔形，分别用"5、6、7、8、9"作为代码。并根据该字的形体结构来定其取号先后次序。如"中"字体依次为左上、右下、左下、右下；"国"字体先为外部左上、右上，后为里面左上、右下；"字"字体先为上半部左上、右下，后为下半部左上、右下；"庋"字体先为左斜边的右上、左下，后为右下部的左上、右下；"撷"字体先为左半部的左上、右下；后为右半部的左上、右下。取得号码后，再算该字有几个方格，把方格数加在号码之后，无方格的加 0，超过 9 个方格的仍为 9。取号顺序及其号码组成为如下格式：依字体取得的号码 / 四角笔形号码、方格数的顺序。如"回""田"、"夕"三个字的号码分别为"Ⅱ/88881""Ⅱ/888304""Ⅰ/28220"。

这种排检法十分繁琐，不便推广使用。自从原燕京大学引得编纂处以此法编成 60 多种古籍索引以后，为解决使用上的困难，近年部分影印出版这些引得时，都增加了四角号码检字和汉语拼音检字。亦可先利用笔画查出各自的庹撷号码后，再查索引正文。

起笔笔形代码法

这是起笔笔形法的号码化。该法将汉字的起笔笔形分成五种，分别用 1、2、3、4、5 作为每个字起笔横或竖、点、撇、角的简便代号予以排列，检索时把书名内的各个字起笔代号相连接，依连接号查找，即可查到。起笔的原则是先上后下、先左后右、先外后内，水、小、幽等少数特殊字是先中间后左右。给号的原则为：若是书名仅有一个字，则给一个代号，有两个就给两个号，其余类推到五号，超出五个字的，只给前五个字代号；书名中有外文或阿拉伯数字，均用代号；书名中有括号的跳过不计，因此该种方法易学。如《全国总书目》（1959 年）里《大雷雨》的索引号为 111，《射线》的索引号为 045，邓拓著的《论中国历史的几个问题》的索引号是 32212，《缩印百衲本二十四史》的索引号是 54151 等，一看便会。其缺点是与笔顺排列法相同。

分类排检法

分类排检法，是将词目、条目或文献按知识内容、学科属性分门别类地加以归并集中，按逻辑原则排列顺序的一种排检方法。

其基本的形式是：按知识系统、学科体系层层分类，每一类目下集中同类子目或文献；按类目、子目或文献的内在联系排列顺序。分类编排通常选用一种科学的、合用的图书分类表为根据，这才有可能保证文献分类的准确和检索的方便。

分类排检法是古今中外检索工具书和参考工具书主要编排方法之一。如书目、索引、类书、政书、年鉴、手册等，既有按一定的分类体系单独编排的，也有与时序、地序排检法配合使用的。

学科排检法

学科排检法是指按学科性质将文献信息分门别类进行编排的方法。索引、书目、百科全书等多用此法编排。

使用学科分类法编排的文献很多，如《全国总书目》先后用的中国人民大学图书馆分类法分成17类和中小型图书馆分类法分成20类，《全国报刊索引》先后按山东省图书馆图书分类法分成9类、改用中国人民大学图书馆图书分类法分成17类、用自己编的《报刊资料分类检表》则以具体的资料确定，专门学科的书刊索引——《我国十年来文学艺术书籍选目》《中国语言论文索引》用本学科系统分类法分类编排，等等。

学科排检法在古代的文献里，又产生了四、五、七、九分法等。其中以四分法使用最多，影响也最大。《四库全书总目》《中国丛书综录》等，采用的就是四分法。近现代的科学分类法更多，如《中国图书馆图书分类法》《中国科学院图书馆图书分类法》等。

按事物性质分类排检法

古代字书《尔雅》开创了按事物性质分类编排的先河，后来成为古代类书、政书的主要编纂体例。现代出版的一些手册、年鉴等也有采用这种方法进行编排的。

古代类书、政书的列类是传统认知结构的产物。它以儒家文化为核心，沿用了《尔雅》所建立的"天、地、人、事、物"分类体系。对其所辑录的事、文编排次序，先列天地帝王、次为典章制度、后及其他事物的编序方法，无不反映了敬天尊君的观念。

《艺文类聚》使用的就是这种方法。该法是按照事物的性质将有关资料分门别类予以编排的。古代的类书、政书与近现代的指南、手册、年鉴等工具书多用此种方法。如政书《通典》分成9类、《文献通考》分24类，清代类书《古今图书集成》分6编、32典、6109部，宋代类书《太平御览》分成55部。另外事物与科学性兼有的，依词义、事物属性进行排列的文献也不少，如《尔雅》则是依词义属性分为释诂、释言、释训、释亲、释宫、释器、释乐、释天、释地、释丘、释山、释水、释草、释木、释虫、释鱼、释鸟、释兽、释畜19类，从事物的属性上看是依词语、方言、人事、器物、天文、地理、植物、动物为序分排的；《骈文类编》（具有词典性质）依事物属性分13 类，每一类下分若干小类目，累计 1604 目，各目之下再排列收入骈字，较为烦琐，科学性不强。近现代按事物性质所立类目也各不相同，如《世界知识年鉴》（1982）分成 5 类，类下再分成若干小类；《中国出版年鉴》（1981）分成 12 类；《家庭日用大全》分成 22 类；等等。

由于人们认知事物的局限性，同在事物往往被分散于各类，而且类目概念模糊混乱。如《古今图书集成》的"经济汇编""方舆汇编""博物汇编"均摘有古代经济史料。类目概念不仅与当代的认识存在极大的差别，而且同一性质的事物或文献也不能集中归类，都给检索造成诸多不便。

四部分类法

四部分类法是我国古代书目分类体系之一。它把古代图书分为经、史、子、集四大部类，每一大部类下再分为若干类，类下再分目。如四部书目分类体系的集大成者《四库全书总目提要》即在四部之下分为 44 类。当代所编的《中国丛书综录》第二册《子目分类目录》亦按经、史、子、集四部编排。《中国古籍善本书目》则分为经、史、子、集、丛书 5 部 48 类。

分类排检法体现了知识的学科属性和逻辑次序，它便于按类别查考某种知识或文献，而且能较全面地得到同类相关资料。但由于其分类方法、类目设置、子目归并往往因书而异，极不固定，故查考时需先熟悉分类情况。

时序法、地序法与主题法

时序法

这是一种是以事物发生发展的时间为序，对条目及内容进行编排的一种方法。年表、历表、大事记以及记载人物生平事迹的年谱等工具书，都采用这种编排方法。如《中国历史纪年表》《中华人民共和国经济大事记（1949年 10 月—1984 年 9 月）》及《中国财政金融年表》等，均严格以时间先后为序编排资料，只需按年索事，一查便得。个人生卒年表、年谱及其著述目录，采用顺时序法或逆时序法进行编排。

使用以时间顺序编排的工具书，便于按时间顺序查考历史事件、换算历史时间、检索有关资料，理清事物发展的脉络，从中可查考某些带有规律性的知识记录。但利用按时序法编排的工具书如"生卒年表"或"年谱"来查考人物资料时，需要辅以人名索引才能使用。例如利用《历代人物年里碑传综表》，即先查人名字顺索引后查所需的人物事迹。

地序法

地序法是依地区行政或自然区划为序编排文献的方法。主要用于编制地图集、地方资料等工具书，各类图书中凡涉及世界各国和国内各地区的，一般也都采用地序法。如《中国历史地图集》《中国地方志综录》《世界分国地图》《中华人民共和国分省地图集》《中国地方志联合目》（依现代行政区划排列 1949 年以前的 8200 多种地方志书目）、《历代地理沿革表》（依古代地方行政区划为序排列的）、《中国边疆图籍录》和《欧洲金融年鉴》以及《中图法》等分类法中的《地区复分表》均按地序法编排有关资料。这些工具书多数附有地名索引，以便在不知地名所属地域时，按地名查找。此外，还有一些采用其他方法编排的工具书，如《历代职官表》（清纪昀等编，上海古籍出版社 1989 年影印本），其所列的 76 个表即以清代官制为纲，逐级排列各政权机构的职官。所附官名索引，是按官名查检的工具书。

为了检索方便，此法有时也与笔顺法混合使用或配以相应的辅助索引，如《中国名胜词典》则是用地序排检法与笔画顺序排检法混合编排的，《中国历史地图集》的各分册之后就有四角号码"地名索引""笔画索引与四角号码对照表"等。地序法编排的工具书，对按地区查找地理与方志资料，尤其对地区所属情况熟悉的容易查找。

主题法

主题法是以规范化的自然语言为标识符号，来标引文献中心内容的一种排检方法。作为标识符号的"规范化自然语言"，即主题词，是一种概括了文献的中心内容，又用来标引和检索文献的标准词汇。目前，国外的检索工具书大多附有主题索引或直接采用主题排检法。在国内，主要用于科技文献的检索。

主题排检法的一般形式是：主题词揭示文献记述的中心内容或对象，主题词本身则按首字读音或笔画等顺序排列。

主题排检法能将不同学科领域中的同一主题的资料集中到一起，按内容的主题查找有关资料较为方便，不仅能检索到所要的资料，而且还能看到同一主题的相关资料。1980 年出版的综合性大型《汉语主题词表》共 3 卷，10 个分册，收各学科主题词 108 568 条，是组织主题目录的重要参考工具书。

它由北京图书馆、中国科学情报研究所等 505 个单位、1378 名高中级教学科研图书情报人员参加，是为汉字信息处理的配套项目编制的，另有 1048 个单位的 7519 人参与了部分编审工作，书的质量较高。近期的索引与计算机网络上的有关文献使用主题法编排的较多。

但是，主题法不借助其他方法便不能成为资料编排方法，因为它仅能将同一主题的资料集中到一起，再由笔画法或四角号码法、分类法、汉语拼音字母排列法或其他方法帮忙组织才能编排。如《十通索引·主题索引》的主题是由四角号码法排列的，《列宁全集索引》的主题是以汉语拼音字母排列的，《马克思恩格斯全集主题索引》的主题是以笔画法排列的，等等。同时，在查考文献资料时，需要正确地选取主题词，否则难以准确地查到；主题词的选取严格地说，应以标准的主题词表为依据，然而事实上，现有的按主题编排的工具书并非全都如此，许多工具书中主题词的选取，随意性较大，这又增加了查找的困难。

其他排检法

快速检字法

快速检字法是问世较晚的一种编排方法。它把汉字的笔形划分成 6 种，每种给一个互补重复的代号。如"竖"笔形"丨"的代号为 1，"横"笔形"一"的代号为 2，"点"3，"撇"4，"捺"5，"折"6，同时每种还包括相似的笔形，代号也相同。取号的方法是：笔画多的字，取号不能超过 6 位数；字在 9 笔画之内的，号自第一笔画取起，如"厂"为 24；字在 10 笔画以上的，如"翻"为 431621；同号字的编码，用符号予以区别，符号的规定是字的首笔与末笔号码连在一起、外加括号置于正号之后，如"副"为 621216（26）。此法好学，容易掌握，检索速度快；不足之处是 9 和 10 画的字取号方法不同，稍有不慎，就会全部取错。使用该法的工具书有《快速检字法中文字典》等。

任意字排检法

它是将所辑录的全部词语中的互不重复的字，均分立条目，进行释义。每个字的条目下，标注由此字所组成的全部词语。用这种方法编排工具书较难，费时费力。如 2001 年河南大学出版社出版的《中华语汇通检》，作者刘占峰等人从 1985 年就开始辑编，历经 10 多年才完成，十分辛苦。但是，按此法编排的工具书，对使用者有利，检索较方便。若你只记得某一句词语中的一个字，就能在此法编的有关词典里，检索到由该字组成的所有词语。在这一点上，是那些用每一条词语的第一个字来建立条目的工具书无法比拟的。它解决了人们有时记不清某一句诗文、名言或佳句之中的第一个字而难以找到该诗文、名言或佳句的问题。

汉字编码法

汉字编码法是供计算机信息处理用的方法，其中五笔字型即由查字法发展而来的一种汉字输入法。它根据汉字的字形结构，从中选定 130 个部首作为字根，加以分类、编码，并将其排在 25 个英文键位上。通过字根的组合，可以打出汉字或词组，达到见字知码、操作方便、快速输入的目的。如今五笔字型输入技术已在中内外得到广泛的推广和使用。

职序排检法

职序排检法是依不同级别的行政建制编排的一种方法。使用这种方法的有《历代官职表》《历代官制、兵制、科举制表释》等。

谱系排检法

谱系排检法是依血缘关系次第编排的一种方法。使用此法的有族谱与世系表等。

第十一章

中小学生常用工具书

课堂教学与管理艺术丛书

《新华字典》

《新华字典》简介

《新华字典》是中华人民共和国成立后出版的第一部以白话释义、用白话举例的现代汉语字典，是中国第一本语文工具书，也是迄今为止最有影响力、最具权威性的一部小型汉语字典，堪称小型汉语语文辞书的典范。

《新华字典》最早的名字叫《伍记小字典》，但未能编纂完成。1953年开始重编，其凡例完全采用《伍记小字典》。1953年首次出版，后经反复修订，以1957年商务印书馆出版的《新华字典》作为第1版。

你知道吗：《新华字典》的出版背景

新华字典，顾名思义，就是中华人民共和国成立后出版的字典。

1950年5月23日，国家出版总署副署长叶圣陶驰函北京大学校长，商调在该校中文系当系主任的魏建功到国家出版总署编审局来筹建主持"新华辞书社"，着手早有计划的《新华字典》编写工作。此项工作，不仅是魏建功、叶圣陶等人计议中要做的事，也是"新形势"的急需——"新政权"得有自己人弄出的普及性字典，让读者广泛使用。

不出一个月，魏建功在北京大学的职务解除，来到国家出版总署编审局组建"新华辞书社"。起初，所谓"新华辞书社"只有魏建功和萧家霖两个人，不久萧家霖的夫人加入了，后来杜子劲也加入了。似乎早期的"新华辞书社"就只这么几个成员，叶圣陶代表国家出版机构"领导"着手这个"新华辞书社"。

"新华辞书社"的工作于1950年8月10日正式开展后，同年10月9日下午，"人民教育出版社"才召开"成立会"，叶圣陶兼任社长，实际也成为《新华字典》的终审。

1951年3月17日上午，"新华辞书社"开社务会议，议定《新华字典》于本年9月底完稿。这个时间要求倒是达到了，该年8月29日下午3点"新华辞书社"举行社务会议时，《新华字典》初稿早已结稿，但修订进度甚缓。为了赶速度，社内同仁的工作有所调整。调整之后，仍处于紧张状态，1951年11月29日下午的社务会议，力争1952年6月修订完工，年底出版。

这一次的规划落空了。

1952年7月11日，金灿然、叶圣陶、魏建功等共谈重新改定后的《新华字典》印发的部分征求意见稿，结果都发现问题多多：读者对象不明确、体例有点乱；等等。更要命的是虽说"新华辞书社"已"发展"至十多个人，但能动笔写稿的人极少，魏建功、萧家霖又都不写稿，只做"审订"工作，叶圣陶也只好叹气："欲求成稿之完善，实甚难。"

改、改，不停地改！到了1953年1月中旬，看终审的叶圣陶仍在摇头："字典总觉拿不出去，尚须修改。"这年的2月21日，魏建功再一次求助叶圣陶，让他为"编辑同仁"讲今后如何修改，力争6月完稿、7月付排。

实际上，《新华字典》最后均由叶圣陶逐字改定，于1953年7月6日正式发到印刷厂排字。一周后，由叶圣陶改定了魏建功、萧家霖写的《新华字典》宣传稿。《新华字典》的排版格式是1953年7月17日下午商量一次，10天后又商量一次才定下来的。之后便是读校样。但在叶圣陶这里却是"流水作业"，他在1953年7月29日才把《新华字典》全稿审改完毕。8月22日，叶圣陶审读魏建功和萧家霖起草的检字表，也觉得不完善，8月28日与二位商量后才定。

魏建功写的《新华字典》的《凡例》，也被叶圣陶判为"琐琐""达意不甚明畅"，又得改。

1953年12月4日，《新华字典》终于完工，即将出版。总结《新华字典》初稿乃至修订过程，叶圣陶觉得"计划未前定，随时变更，耗力甚多，而又未能作好"。1953年12月北京第一次印刷的人民教育出版社版《新华字典》是依音序排列的，版权页上说是一次印了10万册，但叶圣陶日记上写的是300万册。

1954年7月初，"10万册"音序排列的《新华字典》已经卖完，叶圣陶虽然认为"此字典实不能令人满意"，但又无法另编，只好同意"酌量修订"。决定改音序排列为部首排列。因为忙，也因为初版的《新华字典》让近六十岁的叶圣陶饱尝辛苦，他不再过问由人民教育出版社重版修订的《新华字典》，而是交由魏建功、恽逸群负责。部首排列的《新华字典》1954年11月才付印，发行20万册。人民教育出版社《新华字典》由魏建功写书名。之后，《新华字典》就转到商务印书馆去了。

到2004年，《新华字典》已经出到了第10版，至此，这本不到70万字的字典在 50 年来重印 200 余次，累计发行高达 4 亿册。

在当代中国，每一个识字的人都知晓《新华字典》。

它是亿万中国人的"良师益友"，是海内外中文读者的"挚爱亲朋"，是人们汲取知识养分的最初的起点，是读书人相伴终身的"无声的老师"。

在 2004 年新年之际举行的《新华字典》第 10 版出版座谈会上，众多专家学者回顾《新华字典》自 1953 年出版以来半个世纪的辉煌历程，面对图书出版领域现状，提出了解析"新华现象"、发扬"新华精神"的倡议。

第一版《新华字典》编纂于 1953 年，从一开始，这本字典就蕴藏着一种文化理想：为民族的文化普及和知识传播建功。也正因此，它汇聚了一批声名卓著的大家：叶圣陶、邵荃麟、魏建功、陈原、丁声树、金克木、周祖谟，在后来的岁月里，又有很多如雷贯耳的名字加入修订者的行列：王力、游国恩、袁家骅、周一良等。

《新华字典》之所以能够长盛不衰，是因为它的背后有如此多的大学者的支撑。在现代汉语辞书历史上，《新华字典》具有里程碑的意义：在它以前没有一部完全合格的现代汉语字典，在它以后的现代汉语字典，是沿着它开辟的道路不断改进的。

《新华字典》始终坚持严谨求实、服务民众、与时俱进的理念，在它出版后的半个多世纪里，一直都有编读往来。世事变迁、时光流转，《新华字典》从未中断过与读者的密切联系。

《新华字典》珍藏本

《新华字典》一问世就为人民群众学习文化、普及基础教育服务，这种贴近民众的主动追求，成就了这本字典可贵的人民性和旺盛的生命力。

历次版本

（1）人民教育出版社，1953年10月初版。
（2）人民教育出版社，1954年第2版。
（3）商务印书馆，1957年6月1版。
（4）商务印书馆，1959年第2版。
（5）商务印书馆，1962年第3版。
（6）商务印书馆，1965年第4版。
（7）商务印书馆，1971年6月第5版。
（8）商务印书馆，1979年12月第6版。
（9）商务印书馆，1990年第7版。
（10）商务印书馆，1992年7月第8版。
（11）商务印书馆，1998年5月第9版。
（12）商务印书馆，2004年1月第10版。

推荐版本

商务印书馆，2004年1月第10版。

《新华字典》首批印刷100万册。第10版的发行使《新华字典》的总发行量突破4亿册，成为迄今为止世界出版史上字典的最高发行量。

《新华字典》第10版

《新华字典》走过了 50 多年的历程，历经几代上百名专家学者 10 余次大规模的修订，重印 200 多次，它的 10 个版本不仅体现了不同语言文字的变化，也展了不同历史时期的社会特征。如第一版的线装书样式和繁体字，20 世纪八九十年代大量收录的经济、法律、技术词汇。而第 10 版则进一步体现了规范性、科学性和时代性。

第 10 版中 100 多个新词和环保意识的体现成为闪亮点，其中增补的部分新词、新义、新例和少量字头，使字典在一定程度上反映出当代社会面貌和群众语文生活。增补的新词、新义、新例涉及通讯、计算机、医药、食品、生物技术、法律、经济、管理等当代社会生活的诸多方面，如：光纤、光盘、互联网、黑客、软件、硬件、手机、艾滋病、木糖醇、克隆、基因、公诉、公证、听证、投诉、期货交易、盗版、审计、公示、互动、白领、蓝领、绿卡、社区、超市、理念等。

在审查动物和植物条目时，注意了与国家有关的动物、植物保护政策相一致的问题，对于已经被国家定为保护动物和植物的，一般都将"……可食"等语句删掉，避免对读者产生误导。如"鲸"现为国家保护动物，原释文中有"肉可吃，脂肪可以做油"的语句，已在这次修订时删去。而且新版里的字，基本为简体汉字，但是为了保留我们的文化，在有简体字的汉字旁，很多都有繁体字，便于人们了解和学习。

同时，修订版根据教育部、语言文字工作委员会《第一批异形词整理表》对字典所涉及的异形词作了相应处理，还增补了插图；为方便读者查检，增加了按字母顺序编排的梯标；为了满足不同读者的需求，第 10 版还同时推出了三个不同版式，即普通版、双色版、大字本。此外，新版还增加了《地质年代简表》。

《现代汉语词典》

《现代汉语词典》简介

《现代汉语词典》是由国务院下达编写指示，由国家级学术机构——中国社会科学院语言研究所编写的以推广普通话、促进现代汉语规范化为宗旨的工具书，是我国第一部规范型现代汉语词典。

《现代汉语词典》1956 年由国家立项，1958 年 6 月正式开编，1960 年印出"试印本"征求意见，1965 年印出"试用本"送审稿，1973 年内部发行，

1978 年发行第 1 版，到 2005 年，已经发行了 5 版。

半个多世纪以来，《现代汉语词典》根据语言发展变化和国家颁布的新的语文规范不断精雕细琢，与时俱进，至今已印行 4000 多万册，深受海内外读者的欢迎。曾经荣获第一届国家图书奖，第二届国家辞书奖一等奖，第四届国家社会科学类著作最高奖——吴玉章人文社会科学奖一等奖。

1978 年由商务印书馆正式出版的《现代汉语词典》

《现代汉语词典》总结了 20 世纪以来中国白话文运动的成果，第一次以词典的形式结束了汉语在长期以来书面语和口语分离的局面，并对现代汉语进行了全面规范。《现代汉语词典》在辞书理论、编纂水平、编校质量上都达到了一个新高度，是辞书编纂出版的典范之作。它的发行量之大，应用面之广，为世界辞书史上所罕见；它对现代汉语的统一与规范，对研究、学习与正确应用现代汉语，促进了我国与世界各民族的交往。

《现代汉语词典》的权威性主要源于它拥有两位学术成就极为卓越的主编、国内顶尖水平的审订者。

它的两任主编吕叔湘先生和丁声树先生均为享誉中外的语言学家，中国科学院哲学社会科学部学部委员，在普通语言学、汉语语法、文字改革、音韵、训诂、语法、方言、词典编纂、古籍整理等众多领域都取得了很高的成就。吕先生主持《现代汉语词典》编纂工作多年，确定了编写细则，完成了"试印本"，为《现代汉语词典》打下了坚实的基础。丁先生主持《现代汉语词典》编辑定稿工作十几年，在"试印本"的基础上，对词典字斟句酌，苦心孤诣地进行修改、完善，将其全部身心都献给了这部词典。

吕叔湘　　　　　　　　　　　　　丁声树

　　它的审订人员均为国内顶尖水平的语文大家。如北京大学教授王力，其《汉语史稿》《中国现代语法》等早已成为语言学经典，辉煌巨著《王力文集》卷奠定了其语言学一代宗师的地位；北京师范大学教授黎锦熙，曾任中国大辞典编纂处总主任，主编在民国时期影响很大的《国语辞典》等，其名作《新著国语文法》曾影响了好几代语言学者；北京大学教授魏建功，曾兼任新华辞书社社长，主编我国第一部新型的规范性字典《新华字典》，在音韵、文字和古籍整理方面贡献卓著。其他如陆志韦、李荣、陆宗达、叶籁士、叶圣陶、周定一、周祖谟、石明远、周浩然、朱文叔等，2005年第5版的审订委员曹先擢、晁继周、陈原、董琨、韩敬体、胡明扬、江蓝生、刘庆隆、陆俭明、陆尊梧、沈家煊、苏培成、王宁、徐枢、周明鉴等，都是造诣很深的语言学和辞书学权威专家。

　　正是由于有吕叔湘、丁声树两位先生的先后主持，有一批具有顶尖水平的语文大家进行审订，贡献才智，《现代汉语词典》的整体水平才能达到前所未有的高度，而且在收词、注音、释义、用例等方面，都取得了突出的、开创性的成就。

历次版本

（1）商务印书馆，1978年第1版。

（2）商务印书馆，1983年第2版。

（3）商务印书馆，1996年第3版。

（4）商务印书馆，2002年第4版。

（5）商务印书馆，2005年第5版。

推荐版本

商务印书馆，2005 年第 5 版。

第 5 版《现代汉语词典》具有如下 4 个特点：

（1）增加大量新词新义。第 5 版《现代汉语词典》增加新词语 6000 余条，许多原有的词汇也增加了新的义项，是历次修订中增收新词幅度最大的版本之一。

第 5 版增加新词举例

政治类：德治、反恐、反贪、公示等。

法律类：不作为、布警、法槌、法官袍、法徽、法律援助、故意、国家赔偿、立法法、立法权、受案、司法鉴定、司法解释、特别法、窝案、刑拘、无罪推定、有罪推定、职务犯罪、智能犯罪等。

经济类：彩民、炒手、解套、经济法、套现、网络银行、限产、乡企、循环经济、质押等。

金融保险类：保额、保费、保险人、财产保险等。

科技类：笔记本式计算机、编程、波导、彩显等。

农业类：陈化粮、坑农、三农、散养等。

商业类：币市、便利店、超值、车市、承购、承销、传销等。

公交类：并线、车模、车位、城铁、磁浮列车、错峰、打表、大巴等。

军事类：电子战、环境武器等。

建筑房产类：参建、层高、拆建、错层、多层住宅等。

环保类：白色垃圾、断流、环境科学、环境激素等。

动植物类：珙桐、台湾猴、秃杉、望天树、野骆驼、藏羚、藏原羚等。

文教类：海归、开题、可读性、考博等。

影视演艺类：丑星、出场费、动漫、个唱等。

新闻通信类：报料、爆炒、彩信、电邮、有偿新闻等。

体育类：补时、长考、出赛、德比等。

医药卫生类：靶器官、彩超、超声刀、磁疗、非典、禽流感、苏丹红等。

餐饮类：冰茶、冰品、餐点、餐位、餐纸、茶吧、纯净水等。

休闲旅游类：补妆、黄金周等。

社会生活类：二奶、安全线、搓麻、低保、富婆、共赢、黑恶、性教育、性侵犯等。

　　一般语词：扮酷、地毯式、巅峰、跟进等。

《现代汉语词典》第 5 版

　　（2）删减旧词。本次修订删去 2000 词条。删减词条包括纯文言词、使用地区狭窄的方言词、过时的音译词、反映过时的事物、现在已经不再使用的词等。

　　（3）修改释义和例句。这种修改主要包括词义发生了变化，词义所反映的客观事物发生了变化，原来的释义不够准确或完善三种情况。

　　（4）全面、科学、稳妥地标注词类。《现代汉语词典》过去只对部分虚词和常见的代词、量词等注明词类，这次修订则对所收的现代汉语的词作了全面的词类标注；文言虚词有些原来已注明词类，现在也作了全面的词类标注。由于第 5 版进行全面的词类标注，此次修订内容几乎涉及全书每个条目和义项。第 5 版《现代汉语词典》把词分成 12 类，在区分词与非词的基础上，给单字条目和多字条目标注词类。为了体现大的类别中某些词的特殊语法属性，在名词、动词、形容词三个大类中又各分出两个附类。名词的附类是时间词、方位词；动词的附类是助动词、趋向动词；形容词的附类是属性词、状态词。

《辞源》

《辞源》简介

《辞源》是我国第一部大规模的语文辞书，是中国最大的一部古汉语辞典。

它始编于 1908 年（清光绪三十四年），商务印书馆在 1915 年以甲乙丙丁戊五处版式出版，1931 年出版《辞源》续编，1939 年出版《辞源》简编。旧版《辞源》中的书证因多从旧字书、类书中转抄而来，又未经认真核对，所以错误较多。所引书证，只列书名、作者名，不列篇名，不便于读者核对。自 1958 年起，国家组织人力对《辞源》进行全面修订，历时数十载，至 1983 年分 4 册出齐，才算大功告成。它凝聚了几代学者的心血，包含着全国数省几万人的辛勤劳动，工程浩繁，来之不易。

这是一部收单字万余、词目 10 万条左右、包括社会科学和自然科学内容的综合性辞书。全书立 274 个部首，所收单字按部首编排。同一部首内，再按笔画由少至多编排。单字下先注反切，再释词义。单字之后列出以该单字为字头的复音词或词组，再分别进行诠释。各项释义皆有书证，有的更附有图表，以利理解。

推荐版本

修订版《辞源》以旧有的字书、韵书、类书为基础，吸收了现代辞书的特点，以语词为主，兼收百科，以常见的为主，强调实用，是一部综合性、实用性极强的百科式大型工具书。全书共 4 册，收词近 10 万条，总计解说约 1200 万字，几乎超出了《资治通鉴》的一倍。

修订本《辞源》仍立 214 个部首，部首的设置、排列沿用旧《辞源》，全书仍采用繁体字排印。在单字下用汉语拼音和注音字母注音，之后标出《广韵》的反切，指出其中古的声调、韵、声母。《广韵》不收的字，采用《集韵》或其他韵书、字书的反切。然后按顺序释义，释义简明确切，并注意阐发词语来源及其发展演变。单字之下分列以该单字为字头的词组或复音词。所引书证，标明书名、篇名。书后附有《四角号码索引》与《汉语拼音索引》，使用十分方便。而且诠释全部使用白话文，这对初学古汉语的读者更为便利。

《辞源》合订本

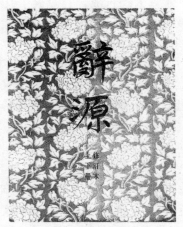

《辞源》修订本

修订版《辞源》的内容丰富，极为充实广博。除大量的字词释义上，对于艺文、故实、曲章、制度、人名、地名、书名以及天文星象、医术、技术、花鸟虫鱼等也兼收并蓄，融词汇、百科于一体，既体现了工具性和知识性，又兼顾了可读性。修订版《辞源》历经几代专家学者的修订，改善体例，纠谬补缺，内容更为准确，查用更为容易便捷，极具权威性。全书由国内最负盛名、最具实力的商务印书馆承担校审，工作上精益求精，这也在一定程度上增加了本书的准确程度和权威性。

《辞海》

《辞海》简介

《辞海》是中国最大的综合性辞典，是以字带词，兼有字典、语文词典和百科词典功能的大型综合性辞典。

"辞海"二字源于陕西汉中著名的汉代摩崖石刻《石门颂》。《辞海》最早的策划与启动始于1915年。当时，中华书局创办人陆费逵先生决心编纂集中国单字、词语兼百科于一体的综合性大辞典，取"海纳百川"之意，将书名定为《辞海》。自1915年秋启动后，至1928年止，时作时辍。1928年起专聘舒新城先生担任《辞海》主编，到1936年，由中华书局正式出版了《辞海》两巨册，其收字词的数量和编排体例与旧《辞源》大致相同。

全书分214个部首，每部之内按单字笔画由少至多排列，单字下先用反切注音，后分项注释词义。单字之后，列出复音词及词组，分别释义。每项释义都列举书证，书证都标出书名、篇名。

《辞源》

因为《辞海》在《辞源》之后问世，可以借鉴《辞源》的经验，避免《辞海》的失误，所以在书的内容和编排体例上都有很大改进。中华人民共和国成立后，毛泽东同志于1957年9月在上海正式决定修订老《辞海》，《辞海》从此迎来了第二个春天，开始了第二次创业。

从1958年起，国家组织人力对旧《辞海》进行修订。1958年5月，中华书局辞海编辑所成立。1959年夏，辞海编辑委员会成立。1960年3月，《辞海》试写稿问世，同年11月，在初稿基础上，形成《辞海》二稿。1961年10月，按学科分类编排的 16 分册试行本在内部出版发行。1963 年 4 月《辞海》（未定稿）在内部发行。1979 年，三卷本的《辞海》正式出版，5000 多名专家用 20 余年完成了夙愿，向国庆三十周年献上一份厚礼。1980 年出版一巨册缩印本。

修订本按部首用简体字编排，按简体字归纳出部首 250 个，在单字后先用拼音方案注音，然后分项解释词义。单字下分列以该字为字头的复音词或词组。收单字 1.4 万多个，选收词目 9 万余条，词目包括了古今社会科学与自然科学等各学科的常见用语，是大型的综合性工具书。

《辞海》附录有《中国历史纪年表》《中华人民共和国行政区划简表》《常见组织机构名简表》《中国少数民族分布简表》《世界国家和地区简表》《世界货币名称一览表》等 13 种。每卷书前有《辞海部首表》。索引包括《笔画索引》《汉语拼音索引》《四角号码索引》《词目外文索引》。

历次版本

《辞海》1936 年版两卷本（甲种、乙种、丙种、丁种），1937 年 9 月出版。

《辞海》1936 年版两卷本（戊种），1938 年 6 月出版。

《辞海》1936 年版合订本，1947 年 5 月出版。

《辞海》试写稿（供作者编纂参考），1960 年 3 月印。

《辞海》二稿样稿本（供作者编纂参考），1960 年 11 月印。

《辞海》试行本（16 分册，另有总词目表 1 册，内部发行，供征求意见），1961 年 10 月发行。

《辞海》送审本 1 册，1963 年 10 月印。

《辞海》试排本（供内部修改使用，60 册），1963 年 4 月出版《辞海》未定稿两卷本（内部发行，供继续征求意见），1965 年 4 月出版。

《辞海》分册（修订本，即新一版，28 分册），1975 年 12 月～1983 年 2 月出版。

《辞海》1979 年版三卷本，1979 年 9 月出版。

《辞海》1979 年版缩印本，1980 年 8 月出版。

《辞海》语词增补本（与《辞海》语词分册修订本配套），1982 年 12 月出版。

《辞海》百科增补本（与《辞海》百科分册修订本配套），1982 年 12 月出版。

《辞海》四角号码查字索引本（供检索《辞海》1979 年版用），1982 年

8 月出版。

《辞海》增补本（由《辞海语词增补本》和《辞海贩百科增补本》合并出版，与《辞海》1979 年版三卷本、缩印本配套），1983 年 12 月出版。

《辞海》百科词目分类索引，1986 年 10 月出版。

《辞海》分册新二版（26 分册），1986 年 8 月～1989 年 10 月出版。

《辞海》1989 年版三卷本，1989 年出版。

《辞海》1989 年版缩印本，1991 年 1 月出版。

《辞海》1989 年版简体字版，三卷本（与中华书局香港有限公司合作出版，在香港地区发行），1989 年 9 月出版。

《辞海》1989 年版简体字版，缩印本（与中华书局（香港）有限公司合作出版，在香港地区发行），1989 年 9 月出版。

《辞海》1989 年版繁体字版，三卷本（与台湾东华书局合作出版，在台湾地区发行），1993 年 7 月出版。

《辞海》1989 年版繁体字版，10 部分卷本（与台湾东华书局合作出版，在台湾地区发行），1993 年 7 月出版。

《辞海》1989 年版增补本，1995 年 12 月出版。

《辞海》1999 年版彩图本（部首，五卷本），1999 年 9 月出版。

《辞海》1999 年版彩图珍藏本（部首，九卷本），1999 年 9 月出版。

《辞海》1999 年版普及本（部首，三卷本），1999 年 9 月出版。

《辞海》1999 年版缩印本（部首，一卷本），2000 年 1 月出版。

《辞海》1999 年版彩图缩印本（音序，五卷本），2001 年 8 月出版。

《辞海》1999 年版缩印本（音序，一卷本），2002 年 1 月出版。

《辞海》1999 年版普及本（音序，三卷本），2002 年 8 月出版。

推荐版本

1999 年版《辞海》是在 1989 年版的基础上修订而成，本版篇幅较 1989 年版略增，条目有大量修订，主要反映国内外形势的变化和文化科学技术的发展，弥补缺漏，纠正差错，精简少量词目和释文，在内容上和形式上都以新面貌出现在读者面前。

新的字目：所收单字，由 16 534 个增加到 19 485 个。

新的词目：6000 条新增词目大部分是近十年新出现的词语，如"因特网""多媒体""转基因动物""社会主义市场经济"等。

新的解释：国际形势变化很大、国内经济体制转变、科学技术突飞猛进，行政区划有所变动，故大量政治、经济、科技、地名等条目，作了新的解释。

新的规范：法律、行政、科技等方面近年都出现了许多新的规范，新版《辞海》都按照新规范行文。

新的数据：人口数、产量数和各项经济值以及一切涉及数据的条目，凡有新资料者均予更新。

新的图片：随文附图共 16 000 余幅，其中绝大多数是彩色照片，彩图本《辞海》是我国大型辞典中之首创。

新的设计：除配置大量的彩色图片外，并将必须配置的黑白线条图和倾泻结构式加上色块，全书图文并茂，色彩缤纷，在形式上更具现代感。

《辞海》99 版珍藏本凡例

单字和词目

一、本书共收单字字头 17 523 个，附繁体字和异体字 6129 个。字头及其下所列词目，包括普通词语和百科词语，共 105 400 余条。

字体和字形

二、本书所用字体，以 1986 年国家语言文字工作委员会重新发布的《简化字总表》、1955 年文化部和中国文字改革委员会联合发布的《第一批异体字整理表》为准，其字形以 1988 年国家语言文字工作委员会、新闻出版署联合发布的《现代汉语通用字表》为准。具体处理如下：

1.《简化字总表》中的简化字和《第一批异体字整理表》中的选用字作为正条，相应的繁体字和异体字用小号黑体加注于单字之后。

2.偏旁类推简化字的范围，以《简化字总表》中的 132 个"可作简化偏旁用的简化字"和 14 个"简化偏旁"为准。

3.字头后所附繁体字和异体字，收入本书《笔画索引》《四角号码索引》备查。

三、人名、地名等，一般用简化字或选用字。简化字或选用字，意义不明确的，适当保留原来的繁体或异体，如"王濬"（人名）的："濬"不作"浚"，"扶馀（地名）"的"馀"不作"余"。简化字或选用字可能引起误解，酌注相应的繁体或异体，如【岳云（雲）】（人名）、【升（昇）州】（地名）等。

注音

四、单字用汉语拼音字母注音，标明声调（轻声不标）。同义异读的，原则上根据1985年国家语言文字工作委员会、国家教育委员会和广播电视部联合发布的《普通话异读词审音表》注音。少数流行较广的异读酌予保留，如【饧】(xíng，又读 táng)。现代读音与传统读音不同的，酌注旧读，如【庸】(yōng，旧读 yóng)。口语音与读书音不同的，加注读音，如【摘】(zhāi，读音 zhé)。

五、同形异音词目第一字读音不同不注音，分别隶属于该字的不同音音下；第二字读音不同加注拼音，如【长弟】(～d)、【长弟】(～觊)。

编排和检索

六、本书原则上按汉语拼音音序排列：

1.字头和词目凡同形异音者皆分立。

2.字头按汉语拼音次序排列。同音字按笔画排列，笔画少的在前，笔画多的在后。笔画相同的，按起笔笔形横、竖、撇、点、折次序排列。

3.词目隶属于首字读音之下。同一字头下所列词目不止一条的，按第二字的汉语拼音次序排列，第二字读音相同的，按笔画次序排列。第二字相同的，按第三字排列，排列次序同第二字，以下类推。

4.外文字母和阿拉伯数字开头的词目排在正文最后。

七、一个简化字或选用字对应几个繁体字或异体字的，按字义不同用一二三分行排列。如【干】一（干字本义）；二【乾、幹、榦】。多义的单字或复词用①②③分项，一义中需要分述的再用(1)(2)(3)分项，一律接排。

八、本书前有《汉语拼音音节表》。另有《笔画索引》、《四角号码索引》、《词目外文索引》和附录归并为末卷。

其他

九、纪年：中国古代史部分一般用旧纪年，夹注公元纪年；近现代史（1840年鸦片战争以后）部分用公元纪年，必要时加注旧纪年，外国史部分一律用公元纪年。年代以0—9作为起讫。

十词目中，外国（朝鲜、韩国、日本、越南等险外）的国名、人名、地名（包括山脉、河流、岛屿、港湾等）、新闻媒体名以及国际组织名、动植物名、药品名，一般直接括注外文；音译词和必须说明语源的词语，在释文中说明其来源；对应的外文缩略形式已相当流行的，作为"简称"

在释文中介绍；一般名词术语不注外文。国名、人名、地名一般注各该国原文，希腊、古印度、阿拉伯国家等的注拉丁字母对音；国际组织名注英文、法文、西班牙文等通用文字；动植物名注拉丁文学名；药名注英文。上述各类词语在释文中提及时，未收专条的国名、人名、地名等一般加注外文，其他词语一般不注。

十一、人名、国名、地名、朝代、年号等标专名号，但专名同普名词结合成另一个词语的不标；民族、宗教、组织机构、会议、建筑物等名称不标专名号，但中国古代民族、部落如"女真""靺鞨"等习惯上无"族""部落"等字样的酌标。

十二、释文中除涉及历史、文学等内容之外，一般使用我国法定计量单位。

十三、本书引用的《马克思恩格斯选集》《列宁全集》《列宁选集》《毛泽东选集》，均用最新版本；引用的《马克思恩格斯全集》，因第二版尚未出全，仍用第一版。

十四、引文中补出词语用【 】，夹注姓笔等用（ ）标明。

十五、释文中词语前面有 * 的，表示另有专条，可供参阅。

十六、本书收入图照 16000 余幅，其中地图 380 幅。地图中中国国界线系按照中国地图出版社 1989 年出版的 1：400 万《中华人民共和国地形图》绘制。

十七、附录有：《中国历史纪年表》《中华人民共和国行政区划简表》《常见组织机构名简称表》《中国少数民族分布简表》《世界国家和地区简表》《世界货币名称一览表》《计量单位表》《基本常数表》《天文数据表》《国际原子量表（1997 年）》《元素周期表》《汉语拼音方案》《国际音标表》。

十八、本书于 1997 年 12 月底截稿。截稿后所有变动，只在时间和技术容许的条件下酌量增补或修改，一般不作补正。

《古汉语常用字字典》

《古汉语常用字字典》简介

《古汉语常用字字典》是在 1974 ～ 1975 年编写的。1979 年由商务印书馆出版。此书是为了帮助初学古汉语的人掌握古书中常用词的常用义而编写的，担负主要编写任务的是北京大学中文系的王力、岑麒祥、林焘、戴澧、唐作藩、蒋绍愚和商务印书馆的张万起、徐敏霞。当时参加编写工作的还有北京大学中文系汉语专业的其他一些老师和学生，以及北京齿轮厂等单位的一些工人。

这本字典共收古汉语常用单字 3700 多个，双音词 200 多个（一般排列在第一个字的字头下，如第一个字字典未收，就排在第二个字的字头下）。另外还附有《难字表》，收难字 2600 多个，难字只有注音、释义，没有例句。

王力

这本字典释文义项简要，语言精练通俗。全书具有以下特点：

第一，注意到字义的历史发展，词义的解释顺序是先本义后引申义，而后假借义、比喻义。

第二，释文吸取了训诂学"浑言""析言"分析字义的方法，注意到一些字在意义上有"泛指""特指"的不同。

第三，除解释本字的意义外，还对一些同义词进行辨析。另外，书证中的难字难句，附文作注，为读者提供方便。所以，此书虽然规模较小，却能解决初学古代汉语的人所遇到的绝大部分词语方面的问题。

此书用简体字按音序编排。书前有《汉语拼音音节索引》《部首检字》，书后附有《古汉语语法简介》《我国历代纪元表》。

《古汉语常用字字典》是中华人民共和国成立后第一部用现代语言学和辞书学观点、方法编写的古汉语权威字典。它是在王力主编的《古代汉语》"常用词"的基础上编写的，《古代汉语》"常用词"的编写原则和体例都为字典所遵循和沿用。字典初稿的绝大部分条目也都经过王力先生审定。因为多数编写者既是著名语言学家，又是来自古汉语教学第一线的教师，所以字典编排十分符合古汉语学习者的需要。它的释义权威，审音准确，例句精当，难懂例句附有注解和串讲，设有"注意""辨析"等对疑难字词加以提示辨析。1995年，《古汉语常用字字典》荣获首届中国辞书奖一等奖。

《古汉语常用字字典》

这本字典有一定的特色并受到读者的欢迎，是和王力先生的指导分不开的。

但在当时，由于历史条件的限制，王力先生未能系统地审定全书，在字典初稿中有不少错误、不妥和粗疏之处。1976年以后，对初稿进行过一次修改。当时，字典编写组已经解散，修改工作主要由蒋绍愚担负。但这次修改只是改正了字典中较明显的错误、不妥和粗疏之处，未能作较彻底的修改。

历次版本

（1）商务印书馆，1979年第1版。
（2）商务印书馆，1993年第2版。
（3）商务印书馆，1998年第3版。
（4）商务印书馆，2005年第4版。

推荐版本

商务印书馆，2005年第4版。
第4版增订工作包括增补字条和修改原有字条，主要有以下几方面：
（1）增补字条。原字典正文中的字头4200多个全部保留；取消原字典的《难字表》,《难字表》中的字头加以选择,僻字删除,比较常用的字约1800个,增加例句,收入正文;另增补原字典正文和《难字表》中都没有收录的常用字400多个,写成字条,统一按音序编排。第4版共收古汉语常用字6400余个(不包括异体字)。

在增补字头的过程中,参考了《十三经》和《史记》的字频表,在确定哪些字常用、哪些字不常用的时候有一个比较客观的依据。《十三经》和《史记》中没有的字,也就是东汉以后产生的字,如果不是很常用或者常用但古今意义没有差别,一般不收。

(2)调整义项。遵循原字典关于义项的取舍和分合的原则,对每一字条的义项认真推敲,有不够妥当的就加以调整。义项取舍的原则是:重要的义项不能遗漏,较僻的义项不予列入,不是文言文中的意义一般也不列入。

(3)改正注音和释义。重新审定了注音和释义。原字典(包括正文和《难字表》)中的注音和释义总体上是准确的,但也有个别不当之处,在这次增订加以改正。

这次增订在注音方面做了一项较大的改动:注音符号全部去掉,只用汉语拼音。标注直音字的方法也做了一些改变:①在音项下,原则上仍然既用汉语拼音又用直音字标音,但如果找不到和被注字的中古音韵地位基本相同的直音字则不用直音;如果是一个通假义,后面已经有了"通某",也不再用直音。②在双音词条目中以及在例句中为字注音时,只用汉语拼音,不用直音。这样做,是考虑到目前汉语拼音已非常普及,绝大多数读者都可以根据汉语拼音读出字音来,所以直音只作为一种辅助的注音方法。

(4)调整例句。第4版选用例句的原则是:例句要和释义准确对应,而且尽量选用时代较早、典型性强、明白易懂的例句。根据这一原则,对原有的一些例句做了更换。为了帮助读者理解例句,在有的例句中适当地加注音释义或串讲,这是本字典的一个特色,这次增订仍然保持了这一特色,但考虑到今天读者的古文水平比20年前高,所以第4版例句的注音释义或串讲适当减少了。

(5)这次增订对异体字、简化字等也做了进一步的规范。

(6)附录原有《中国历代纪元表》做了修改,并增加了《古代汉语语法简介》《怎样学习古代汉语》两部分内容。

此外,第4版的初稿完成后,还请北京大学中文系的部分学生将全部例句与原书进行核对,以保证其准确可靠。

这次增订工作是从1999年6月开始的,增订工作由蒋绍愚负责,承担增订工作的是蒋绍愚、唐作藩、张万起、宋绍年、李树青 5 人，此外还有一些同志参加资料收集等辅助工作。增订工作在 2004 年 6 月底最后完成，前后历时 5 年。

《英汉大词典》

《英汉大词典》简介

《英汉大词典》是中国首部由英语专业人员自行规划设计、自订编辑方针编纂而成的大型综合性英汉词典。

1975 年，周恩来总理抱病批发了国务院 [1975]137 号文件，该文件正式下达了当时我国规划内的最大双语工具书的编纂任务。1987 年，《英汉大词典》被列为国家哲学社会科学"七五"（1986—1990）规划重点科研项目之一，复旦大学、上海外国语学院、上海译文出版社、上海师范大学、华东师范大学、华东化工学院、同济大学等 30 个单位的百余名英语专业工作者先后参与编写，历经十数年的艰辛劳动，1989 年《英汉大词典》上卷完工，1991 年 9 月，全书首次出版发行。

该书收词 20 万条，设附录 14 种，共约 2000 万字。词语条目外注意收录人名、地名、组织机构名，收录历史事件、神话典故、宗教流派、文化群落、风俗模式、娱乐名目、技术门类、产品商标及自然科学和社会科学各科的专业术语，力图容纳尽可能多的百科信息，在确保各方面和多层次实用性的同时，努力提高内容的稳定性和趣味性，即不使人事和时势的变迁影响词典的有效生命周期，不让陈腐的学究气麻痹读者活泼的释疑解惑的求知欲。每个词条都附有国际音标注音、词性、释义、例证、习语和词源等项目。其特色为收词丰富精当、释义准确完备、例证可靠有据、词源简明确凿、注音求真实用。

《英汉大词典》顺应 20 世纪 60 年代以来国际辞书编纂侧重客观描述的大趋势，在收词、释义、举例、词源说明等方面都侧重客观描述各种不同品类的英语以及英语在不同文体和语境中实际使用的状况，并如实记录词义及词形在源流动态中的递嬗变化，尽量避免做孰优孰劣的评判和孰可孰不可的裁断。

《英汉大词典》先后在海内外共出版 4 个版本，即大陆双卷本、大陆缩印本、台湾繁体字本和香港繁体字缩印本，是一部社会效益和经济效益俱佳的大型双语工具书。它出版以来迭次获奖，得到海内外专家学者的高度评价，并已成为联合国翻译人员的必备工具书。《人民日报》《光明日报》《解放日报》《新民晚报》《文汇报》《辞书研究》《外语教学与研究》以及港台等地多种书刊均曾撰文介绍这部词典。

《英汉大词典》出版以来，先后获得第四届中国图书奖一等奖（1990年）、上海市1989—1990年度优秀图书特等奖（1992年）、第一届国家图书奖一等奖（1994年）、上海市哲学社会科学优秀成果奖（1986—1993）和特等奖（1994年）、全国普通高等学校首届人文社会科学研究优秀成果奖一等奖（1995年）、国家社会科学基金项目优秀成果奖一等奖（1999年）等。

著名语言学家吕叔湘先生说"《英汉大词典》的编者兢兢业业工作了十多年，完成了一项重要的文化基本建设工作，实属难能可贵"。著名语言学家陈原先生说："《英汉大词典》是一部高质量的双语词典，可以称为我国当代内容最丰富、规模最大的英汉词典。"北京外国语大学王佐良教授认为："《英汉大词典》的出版表明我国双语词典的编写达到了新的高点。"台湾辞典专家苏正隆先生撰文评论说："《英汉大词典》是目前坊间规模最大、质量俱佳的案头英汉工具书，其博采群籍、自行发掘新词新义方面所下的工夫，令人敬佩。"香港作家董桥以"不可一日无此君"为文题向海内外荐介《英汉大词典》。英国《牛津英语词典补编》的主编伯奇菲尔德博士认为："这是远东最好，也是世界范围内较好的双语词典之一"。北美辞书学会的词典专家托马斯·克里默先生也称《英汉大词典》"具有超世纪的生命力"。

《英汉大词典》以独立研编（而不是译编）为工作的指导方针，自建第一手资料语库，博采英美百余种英语词典和其他工具书（详见其主要参考书目）之所长，有选择地利用前人的文化积累，体现了国内英语语库建设和学术研究的成果和水平。

推荐版本

上海译文出版社，2007年第2版。

从2001年起，上海译文出版社用5年时间对出版已有10年的《英汉大词典》进行全面修订，主要任务是针对硬伤勘误纠错，更新专名和术语的信息，增补英语新词、新义、新用法，同时对词典的微观结构进行改进性修订。复旦大学教授陆谷孙主编并领衔这次修订。全新的《英汉大词典（第2版）》于2007年春季出版发行。

全书共收词22万多条，比原版新增词义2万多条。像"彩信"、"禽流感""红丝带"等新式用语，"博客""播客""帖子"等一些网络新词均被收录其中。源出汉语的一些英语外来词也首次收入《英汉大词典》，如"四人帮""普通话"等。原版中的一些释义，在新版中更接近习惯用语。原版中的"携带式活动电话"变成了"移动电话或手机"，"皮杂饼"改成了"比萨饼"，等等，无一不体现出时代的新气息。还有些新词、新义、新例，即使是最有影响的《牛津词典》，也没有收录。

《英汉大词典》第2版

书的附录部分新增《英语网络缩略语及常用符号》《国际常用形态符号及其意义》等内容，实用性很强。